먹고 보니 과학이네?

일러두기

• 본문의 화학 용어 표기는 대한화학회의 화학술어집과 화합물 명명법을 기준으로 삼되,
  일부는 국립국어원의 표준국어대사전을 참조해 국내 독자에게 익숙한 명칭을 썼습니다.
• 한국정보통신기술협회의 《TTA JOURNAL》, 한국산업기술진흥협회의 《기술과 혁신》에
  기고했던 원고 중 일부를 수정하고 편집한 것도 있음을 밝힙니다.

먹고 보니 과학이네?

맛으로 배우는 화학

최원석 지음

다른

매점에서 까먹는 맛있는 과학

현생 인류인 호모사피엔스가 등장하고 20만 년이 지나는 동안 인류는 많은 변화를 겪었다. 문명을 이뤘고 과학기술의 발전 덕분에 다른 동물과 구분되는 삶을 살았다. 하지만 그 오랜 세월 동안 해결하지 못한 게 있다. 바로 먹고 사는 문제다. 기계가 작동하기 위해 에너지가 필요하듯 우리는 음식이 필요한데, 오늘날에도 많은 사람이 곳곳에서 굶주림에 시달리고 있다. 한편 우리나라는 굶주림보다는 '잘 먹는' 문제로 더 고민 중이다.

2018년 7월 정부는 관계부처 합동으로 '국가 비만관리 종합대책'을 발표했다. 비만 인구가 늘면서 사회경제적 손실도 꾸준히 증가해 정부가 적극적으로 개입해야 한다는 내용이었다. 정부가 국민의 건강 증진을 위해 노력해야 한다는 주장에는 아무 문제가 없다. 오히려 마땅히 해야 할 일이니 적극적으로 정부 시책에 동참하는 게 옳다. 하지만 야당과 국민의 반응은 싸늘했다. '최근에 먹방(먹는 방송)과 같은 폭식 조장 미디어에 따른 폐해가 우려되는데도 이에 대한 모니터링과 신뢰할 만한 정보가 적다'라는 항목 때문이었다. 사람들은 정부가 먹방을 규제하겠다는 뜻으로 받아들였고, 개인의 자유를 침해한다고 반발했다. 뜻하지 않은 거센 반발에 여당과 정부는 한발 물러섰다. 그리고 규제가 아니라 가이드라인일 뿐이라는 어설픈 변명을 내놨다.

정부의 이런 대책이 비판받는 이유는 과학적 근거가 부족해서다. 주장에는 근거가 있어야 하는데 먹방과 비만 사이에 아무런 상관관계도 밝히지 않고 덮어놓고 규제 카드부터 내밀었으니 비난을 받을 수밖에 없다. 먹방을 규제하려면 일단 먹방과 비만이 어떤 관계가 있는지부터 조사해야 한다. 흡연과 폐암처럼 상관관계가 명확하게 밝혀진 것이라면 규제에 반대하지 않을 것이다. 방송에서 흡연 장면을 규제하는 것은 과학적으로 밝혀진 뚜렷한 상관관계 때문이다. 하지만 먹방과 비만은 그러한 관계를 밝혀내기 어렵다. 사실 비만에 대해서도 워낙 말이 많아서 그것이 얼마나 건강에 해로운지 명확하지도 않다. 설령 먹방과 비만이 관계가 있다고 한들 규제로 얻을 수 있는 이익이 보잘것없이 작다면 선택의 자유를 침해하는 결정을 내려서는 안 된다.

이미 '먹방이 대세'라 할 만큼 먹는 게 중요한 세상이다. 사실 먹는 게 중요하지 않았던 적이 있었을까? 하지만 생존을 위해 먹을거리를 걱정하던 시절은 지났다. 이제 먹는다는 것은 허기를 달랠 뿐 아니라 즐거움을 주고 건강을 지키는 일이 되어야 한다. 그러기 위해서는 공포를 부추기는 사이비 과학과 맞설 수 있어야 한다. 음식에 한 분자라도 유해 물질이 들어 있으면 위험한지, 허용 기준을 믿고 먹어도 되는지 판단할 수 있어야 한다.

괴담 수준의 인터넷 정보나 허무맹랑한 건강 서적, 단순히 개인의 경험담을 일반화하는 등의 비과학적인 정보가 '먹는 즐거움'을 빼앗아 가도 좋을까? 과자가 담배보다 해로울까? 피자와 콜라가 해롭기만 한 정크푸드일까? 이 책을 통해 우리가 알고 있는 '불량 식품'이 과연 얼마나 불량한지 한번 생각해 봤으면 한다. 음식과 건강에 대한 지나친 걱정과 염려가 오히려 건강을 망치거나 즐거운 삶을 방해하는 것은 아닌지 되돌아봐야 한다.

그렇다고 아무거나 먹어도 된다거나 음식이 건강과 아무 관계없다는 뜻은 결코 아니다. 잘못된 식습관은 건강을 해칠 수 있다. 하지만 음식은 건강 보조 식품도, 약도 아니다. 건강한 사람이 약을 먹지 않듯 건강을 해칠 우려가 없다면 규제하거나 절제할 필요는 없다.

이 책의 내용이 건강한 삶을 지향하는 사람에게는 불편할지도 모르겠다. 그렇더라도 그 생각이 틀렸으니 고치라고 말하고 싶지는 않다. 말한다고 고치지도 않을 것이다. 일단 형성된 신념은 쉽게 바뀌지 않기 때문이다. 또한 내 생각이 절대적으로 옳다고 말할 수도 없다. 과학은 절대적인 진리가 아니며 항상 오류 가능성을 품고 있기 때문이다.

이 책은 유연하고 자유롭게 사고하는 독자를 위한 것이다. 더욱 많은 사람이 우리 주변에 다양한 생각과 주장이 있음을 알았으면 한다. 과학을 공부하는 중요한 이유 중의 하나는 열린 생각을 하기 위해서다. 내 신념과 다른 생각을 무조건 배척할 게 아니라 다른 사람의 주장도 들어 보고 판단할 수 있는 능력을 갖추기 위해 과학을 하는 것이다.

기업이나 정부를 해명하거나 두둔하려고 이 책을 쓴 것은 절대 아니다. 나도 패스트푸드나 과자, 아이스크림, 탄산음료가 몸에 좋지 않다는 데는 동의한다. 문제는 그것을 알리기 위해 정보를 과장해서 전달한다는 것이다. 목적이 옳다고 잘못된 과정이 정당화될 수 있을까? 비만 문제가 심각한 미국과 비교해 우리나라가 아직 덜한 이유는 그나마 건강한 급식으로 아이들을 지키고 있기 때문이다. 중요한 것은 '식습관'이다. 잘못된 식단을 꾸준히 섭취하는 게 진짜 문제다.

매점이나 편의점, 식당은 생존의 문제를 해결하는 장소가 아니다. 식욕을 해소하면서 잠시나마 즐거움을 누리는 곳이다. 그곳에서 잠시 일탈을 즐기며 맛있는 과학을 발견한다고 과연 문제가 될까? 한번 생각해 보자.

1. 월요일

원래 들어 있는 거야?

기분 좋게 일주일을 시작하고 싶지만 마음처럼 쉽지 않다.

그래서 쪼르르 달려간 곳은 매점. 친구들과 즐겁게 수다를

떨며 매점을 둘러보니 냉장고 안에 바나나 맛 우유가

가득하다. 바나나 맛 우유 속에는 도대체 뭐가 있기에

기분을 좋게 만드는 걸까?

바나나 우유에는
바나나가 없다

✖

식품첨가물

누구나 좋아하는 달콤한 맛과 향으로 오랜 시간 꾸준히
사랑받아 온 바나나 맛 우유. 바나나 맛 우유에는 과연
바나나가 들어 있을까?

정답부터 이야기하면, 있다. 비록 1퍼센트뿐이지만.
1퍼센트만 넣고서 버젓이 '바나나 맛'이라고 표시하는
게 놀랍겠지만 그조차 없으면 아예 '-맛'이라는 글자를
넣을 수도 없다. 그럴 경우에는 '-향'으로 표시한다.
즉 '딸기 향'이라고 표시되어 있다면 딸기가 전혀 들어
있지 않다는 뜻이다. 헐.

그럼 지금까지 우리가 딸기인 줄 알고 먹었던 것은
무엇일까?

바나나 우유 vs. 바나나 맛 우유

바나나 맛 또는 딸기 향 우유는 어떻게 바나나와 딸기의 맛을 낼까? 바로 과일의 맛과 향을 내는 식품첨가물이 들어 있기 때문이다. 그래서 실제로 과일이 거의 없거나 전혀 없는 음료는 '-맛'이나 '-향' 우유로 표시하도록 규정되어 있다. 맛이나 향을 낼 뿐, 들어 있지 않은 과일을 들어 있는 것으로 소비자가 오인하게 만드는 것은 옳지 않기 때문이다.

이러한 사실을 점차 많은 소비자가 인지하자 제품에 '딸기 향 우유'라는 이름을 아예 빼는 경우도 생겼다. 딸기 향 우유에는 딸기 사진이나 그림을 넣을 수 없기에 우유갑 표면에 딸기 캐릭터를 대신 넣고 딸기라는 말을 빼 버린 것이다. 흰 우유처럼 보이는 바나나 과즙 첨가 우유도 등장했다. 바나나의 색을 내기 위한 노란 색소를 일부러 넣지 않은 것이다.

그래도 바나나가 안 든 우유를 마치 바나나를 듬뿍 갈아 넣은 듯 느끼게 하다니, 여전히 개운치 않을 것이다. 사람들은 식품첨가물을 속임수로 생각하기 때문이다. 진짜 바나나는 한 조각도 안 넣어 놓고 '바나나가 든 우유' 행세를 했으니 비난받을 만하다고 여기는 것이다.

그런데도 굳이 식품첨가물을 넣는 이유는 뭘까? 과일을 넣으면 가격도 오르고 유통도 어려워서다. 또 사람들은 식품첨가물을 싫어해도 식품첨가물이 만들어 내는 제품의 맛은 좋아한다. 이른바 바나나 향이라 하는 합성착향료 에스터도 사람들이 무척 좋아하는 달콤한 바나나의 향을 낸다.

우유에 노란 색소와 함께 바나나 향과 액상 과당, 가공유지를 적절히 섞으면 진짜 바나나를 갈아

> 에스터(ester): 산과 알코올을 가진 물질에서 물을 빼냈을 때 만들어지는 물질. 냄새가 나는 성질(방향)을 지니고 있어 합성착향료로 많이 쓰인다.

넣은 것보다 맛있는 바나나 우유가 만들어진다. 궁금하면 우유에 바나나를 갈아서 마셔 보자. 아마도 느끼하고 맛없을 것이다. 차라리 우유 따로 바나나 따로 먹는 편이 낫다. 그래서 바나나 맛 우유는 바나나가 듬뿍 들어간 것처럼 느껴지도록 바나나보다 단맛과 강한 향을 내는 첨가물을 넣는다.

식품첨가물을 왜 넣을까?

'리얼'이나 '진짜', '천연'이라는 말을 쓰려면 진짜로 그 과일이 들어가야 한다. 즉 아이스크림 포장에 '리얼 스트로베리'라고 표기하고 싶다면 진짜 딸기를 넣어야 한다. 하지만 아이스크림을 먹으려고 딸기 아이스크림을 골랐다면 그건 으레 딸기 맛 아이스크림이다. 이쯤 되면 가짜를 진짜처럼 만드는 게 식품첨가물이라고 느낄지 모른다. 하지만 식품첨가물은 사람들을 속이려고 만든 게 아니다.

우리나라의 식품위생법 제2조 2항은 "식품첨가물이란 식품을 제조·가공·조리 또는 보존하는 과정에서 감미·착색·표백 또는 산

화 방지 등을 목적으로 식품에 사용되는 물질을 말한다"라고 되어 있다. 법조문 어디에도 식품첨가물을 두고 가짜를 진짜로 둔갑시키는 물질이라고 말하지 않는다.

식품첨가물이란, 쉽게 말해 어떤 목적을 가지고 식품에 넣는 물질을 이른다. 그 목적은 다양하지만 대개 식품이 지닌 원래 성질보다 저장성이나 맛과 향, 색 등을 향상시키려고 이용한다. 자연주의가 강조되고 식품첨가물에 대한 갖가지 괴담이나 비전문가의 일방적 주장이 널리 퍼지면서 식품첨가물이 마치 인체에 해로운 물질처럼 인식되기도 하지만 식품첨가물은 식품 제조에 꼭 필요한 물질이다.

과거에는 바다에서 잡은 생선을 내륙으로 수송하는 동안 상하지 않도록 소금을 뿌려 염장을 했다. 당연히 생선은 짤 수밖에 없었다. 그래도 저장성을 높이는 게 짜게 먹는 문제보다 중요했기에 생선이 소금범벅인 경우가 많았다. 사실 과거에는 소금 섭취가 부족할 때가 많았지, 넘치는 경우는 거의 없었기에 문제될 일도 아니었다. 소금은 식품의 저장성을 높이는 아주 중요한 식품첨가물이었다.

맛을 좋게 하는 조미료나 풍미를 더하기 위한 향신료도 모두 식품첨가물이다. 식품첨가물을 마치 공장에서 합성한 독성물질인 듯이 취급하는 것은 과학적이지도 않고 식품을 선택하는 올바른 기준도 아니다. 식품첨가물에는 합성첨가물만 있는 게 아니라 소금처럼 원래 자연에 존재하는 것도 있으며, 자연의 것이라고 무조건 더 안전한 것도 아니다.

식품첨가물은 인체에 해롭지 않다고 판단될 경우 식품의약품안전처장의 허가를 얻어 사용할 수 있다. 즉 우리나라는 공시한 허가 품목만 식품에 넣을 수 있도록 규정하고 있다. 물론 넣을 수 있다고 무조건 안전하다는 뜻은 아니다. 그래서 식품첨가물은 제조 기준과 사용 기준에 맞춰 넣고, 표시 기준에 따라 식품에 표시하도록 하고 있다. 또한 식품첨가물은 대개 적은 양으로도 효과를 내므로 식품을 제조할 때 적당량이 골고루 섞일 수 있도록 관리해야 한다. 이를 잘 지켜 사용하면 별 문제를 일으키지 않는다.

영유아용 제품에는 구연산나트륨이나 카제인, 탄산수소나트륨 등 여러 가지 첨가물의 사용을 금지하고 있다. 이를 두고 원래 첨가물이 몸에 해로우니 넣지 말라는 게 아니냐고 생각할 수 있지만 반드시 그렇다고 할 수는 없다. 영유아는 덩치가 작은 성인이 아니다. 모든 것에 성인보다 훨씬 엄격한 기준을 적용한다. 그래서 유해성이 입증되지 않았더라도 아이에게 조금이라도 해가 될 수 있다면 예방 차원에서 넣지 않을 뿐이다.

크리스토퍼 콜럼버스가 항해에 나선 건 식품첨가물을 찾기 위해서였다! 아기 예수의 탄생을 경배하기 위해 동방박사가 가지고 온 세 가지 선물 중에도 식품첨가물이 있었다. 바로 향신료다. 향신료는 인류의 역사를 통틀어 가장 인기 있는 식품첨가물이었다.

사람들은 더 맛있고 안전하고 영양가 높은 식품을 원한다. 이 기준을 맞추기 위해 식품첨가물을 사용하는 것이다. 따라서 무조건 식품첨가물을 배척할 게 아니라 업체들이 기준을 잘 지키는지, 거짓나 과대 표기로 소비자를 속이는 것은 아닌지 살펴보는 현명한 소비자가 되어야 한다. 친구가 맛있게 바나나 맛 우유를 마시고 있는데, 굳이 바나나가 들어 있지 않다고 말하며 흥을 깰 이유는 없지 않을까? 원래 과일의 맛은 과일을 씹을 때 올라오는 향에 많은 영향을 받는다. 그러니 주스나 과일 맛 우유에 향을 첨가하는 것은 당연하다. 식품첨가물에 대해서는 계속 나올 것이니 여기서는 이 정도로 끝내자.

✖
맛있는
실험

사과와 양파를 갈아서 즙을 내고 순수하게 액체만 남긴 뒤 컵에 담는다. 실험 대상자의 눈을 가리고 코를 막게 한다. 이제 사과즙과 양파즙을 각각 맛보고 무엇이 사과즙인지 맞게 하자. 그다음에는 코를 잡은 손을 떼고 맛본 뒤 사과즙을 찾게 해보자. 어느 경우에 쉽게 찾을까?
코를 막고 있으면 사과와 양파 향을 맡을 수 없어서 두 용액의 맛을 쉽게 구분하지 못한다. 두 용액 모두 단맛이 나기 때문이다.

당이 없으면
맛이 없다

✖

포도당

우리가 마시는 음료의 가장 큰 문제는 '백색의 공포'라
부르는 설탕이다. 탄산음료 속에 얼마만큼의 설탕이
들었다면서 백설탕을 가득 쌓아 두고 공포심을
일으키는 영상을 흔히 볼 수 있다. "음료 한 캔을 마시면
설탕을 이렇게 많이 섭취하게 됩니다."
이 때문에 일부 학교에서는 탄산음료 자판기를 치워
버렸고, 건강에 관심 많은 보호자는 아이에게 건강에
좋다는 음료만 먹이려고 한다.
그렇다면 음료수를 만드는 회사에서는 모두가 이토록
무서워하는 설탕을 왜 음료에서 빼지 않는 걸까?
음료에 설탕이 빠지면 무슨 일이 벌어질까?

비만의 시대, 단맛과의 전쟁

음료수 회사에서 설탕을 포기하지 못하는 이유에 단순하게 대답하면 '설탕을 빼면 맛이 없어서'다. 시시한 답이라고 생각하겠지만 그게 가장 큰 이유다. 설탕을 빼면 음료수가 맛이 없다! 사실 이 대답은 주객이 뒤바뀐 것이다. "달면 삼키고 쓰면 뱉는다"라는 속담에서 알 수 있듯 단맛은 원래 '좋은 맛'을 뜻했다. 단맛 속에 포함된 당糖, sugar이 우리 몸에서 에너지원으로 쓰이기 때문이다. 음식을 입에 가져갔을 때 단맛이 난다는 건 그 속에 에너지가 들어 있으니 먹으라는 신호를 뇌로 보내는 것이다. 자연에서 얻을 수 있는 음식 가운데 단맛이 나는데 몸에 해로운 경우는 거의 없다. 해롭다 할지라도 그 원인은 단맛이 아닌 다른 성분에 있다.

사람은 누구나 태어나면서 단맛은 좋은 맛으로 인식하고 쓴맛은 좋지 못한 맛 또는 위험한 맛으로 인지한다. 단맛이 부족한 풋과일이 때로는 몸에 해롭기까지 하다는 것을 보면 이를 어렵지 않게 알 수 있다. 문제는 과학기술의 발달로 단맛을 너무 풍족하게 느낄 만큼 설탕을 많이 만들어 내고 있다는 점이다. 과거 돌꿀이라는 이름으로 엄청나게 비싼 값에 거래되던 설탕은 이제 '달고나'를 만들어 먹을 만큼 흔하고 값싼 재료가 되었다.

탄산음료의 영양정보를 보자. 원재료에 설탕과 액상 과당이라는 표시가 있다. '당'이라는 글자로 봐서 당류라는 것을 짐작할 만하다. 이처럼 영양정보에는 탄수화물과 당류의 양을 따로 표시하지만

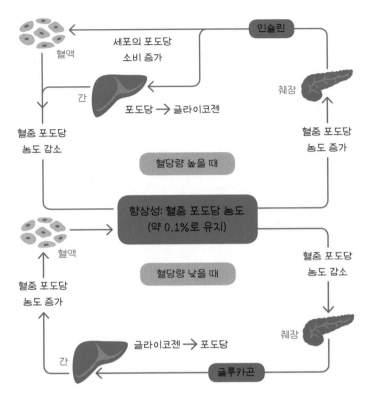

세포의 포도당
소비 증가

인슐린

혈액

간

췌장

포도당 → 글라이코젠

혈중 포도당
농도 감소

혈중 포도당
농도 증가

혈당량 높을 때

항상성: 혈중 포도당 농도
(약 0.1%로 유지)

혈액

혈중 포도당
농도 감소

혈당량 낮을 때

혈중 포도당
농도 증가

간

췌장

글라이코젠 → 포도당

글루카곤

자료: blog.naver.com/optima_pharm

사실 당은 탄수화물 중 하나다. 즉 당도 엄연히 3대 영양소에 속하는 영양분이니, 무조건 해로운 물질로 취급하는 것은 옳지 않다.

하지만 살아가는 데 필요한 열량을 설탕이나 탄수화물이 가득한 음식으로 몽땅 채우면 건강에 해롭다. 우리 몸은 항상 일정한 범위70~100mg/dL에서 혈액 속의 당 수치를 유지하려고 한다. 이 범위를 벗어나 당이 많으면 고혈당, 적으면 저혈당이라 부른다. 음식을 먹으면 혈당 수치가 올라가 췌장에서 인슐린이라는 호르몬이 분비되어 혈당 수치를 낮춘다. 인슐린이 분비되면 혈액 속의 포도당은 세포 속에 글라이코젠으로 저장된다. 반대로 혈당 수치가 낮으면 글루카곤이 분비되어 혈당 수치를 높여 혈액 안에 혈당 수치를 일정 범위로 유지하려고 한다. 결국 혈액 속에 남는 포도당은 버려지지 않고 세포 속에 차곡차곡 저장된다. 즉, 살찐다! 그러니 단 음식을 많이 먹으면 비만을 부르는 셈이다.

당, 넌 누구니?

당에 대해 더 알아보자. 당이라고 하면 먼저 포도당과 설탕이 떠오를 것이다. 이밖에도 단 음식에는 대개 당이 들어 있는데, 당이라는 이름부터가 단맛이 난다고 해서 붙인 이름이다. 당의 화학구조를 몰랐을 때는 단맛이 나는 물질을 당이라고 불렀지만 이제는 당도 분자구조에 따라 여러 가지로 나눈다.

당 또는 당류의 제일 큰 특징은 가장 단순한 종류의 탄수화물이라는 점이다. 탄수화물은 탄소C와 수소H, 산소O로 구성되고 <u>화학식</u>은 $C_m(H_2O)_n$으로 나타낸다.

화학식에서 m, n은 1, 2, 3 등의 숫자를 나타낸다. 대표적 단당류인 포도당은 m과 n의 값이 6이다. 따라서 포도당의 화학식은 $C_6H_{12}O_6$로 분자 내에 탄소 6개를 가지고 있어 육탄당이라 한다.

즉 탄수화물은 Cm(H2O)n의 구조로 되어 있고, 그중 가장 단순한 게 단당류다. '단당'은 당이 하나라는 뜻이며 여기서 당은 포도당, 즉 글루코스glucose를 의미한다. 당류 중에서 당이 2개로 된 당류는 이당류, 3개 이상은 다당류라고 부른다.

단당류 안에서도 탄소 수에 따라 오탄당자일로스, xylose과 육탄당헥소스, hexose으로 구분하기는 한다. 육탄당에 속하는 게 과당프룩토스, fructose과 포도당이다. 과당은 과일에 풍부하게 들어 있어 과당이라 부른다. 물론 포도당이라는 이름도 포도에 풍부하다는 뜻으로 붙인 이름이지만, 포도뿐만 아니라 단맛이 나는 모든 과일에 있는 게 바로 포도당과 과당이다.

포도당과 과당이 결합한 것은 수크로스sucrose라고 하는데, 당 2개가 결합했으니 이당류다. 수크로스라는 이름은 어려워도 이 물질의 상품명인 설탕은 알 것이다. 수크로스는 자당蔗糖이라고도 부르는데, 자蔗는 사탕수수를 의미한다. 즉 설탕은 사탕수수를 발효시켜 만든 식품이라는 뜻이다. 흔히 설탕이 공장에서 합성한 물질인 듯 말하지만 사실은 천연감미료다! 천연감미료라고 강조하는 이유는 뒤에서 인공감미료 이야기를 할 것이기 때문이다.

설탕 이외에도 식품의 성분으로 자주 볼 수 있는 이당류로 엿당말토스, maltose이 있다. 이번에도 이름만으로도 이 성분이 어디에 풍부한지 유추할 수 있을 것이다. 그렇다. 엿당은 엿에 많이 들어 있다. 보통 물엿이라고 해서 요리 재료로 자주 쓰는데, 주성분이 맥아당

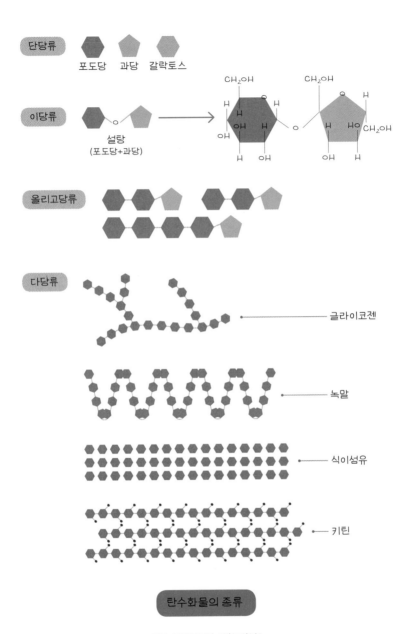

단당류

포도당 과당 갈락토스

이당류

설탕
(포도당+과당)

CH₂OH   CH₂OH

올리고당류

다당류

글라이코젠

녹말

식이섬유

키틴

탄수화물의 종류

자료: 보건복지부, 대한의학회

1. 월요일
원래 들어 있는 거야?

이다. 맥아는 '보리의 싹'을 뜻하는데, 보리를 발효시켜 얻은 당분이라는 의미다. 맥아당은 보통 전분을 발효시켜 얻는다. 전분이란 녹말가루를 말한다. 녹말은 거의 순수한 탄수화물이다. 전분을 <u>가수분해</u>해서 전분 시럽을 만들며 여기서 단맛이 나는 이유는 포도당과 맥아당 때문이다. 밥을 먹을 때 꼭꼭 씹으면 단맛이 나는 이유도 녹말이 가수분해를 거쳐 맥아당으로 바뀐 탓이다.

> 가수분해: 물과 만나 새로운 물질로 분해되는 화학반응. 전분은 물 때문에 더 작은 분자인 맥아당으로 분해된다. 단순히 전분과 물이 만난다고 가수분해가 일어나는 것은 아니며, 화학반응이 일어나기 위해서는 효소가 필요하다.

한편 올리고당류는 단당류 2개에서 10개로 구성된 당류를 말한다. 간혹 이당류를 제외하고 삼당류에서 십당류까지 올리고당이라 부르기도 한다. 또한 단당류를 뺀 나머지 당류가 모두 다당류지만, 이당류나 올리고당류를 제외한 나머지를 다당류라고 하는 게 일반적이다. 다당류는 단당류가 수천 개에서 수십만 개 이상 결합한 형태로 다양하게 존재한다.

마지막으로 과당에 얽힌 오해를 풀자. 과당은 과일 속의 당이며 과자에 들어가는 당이 아니다. 하지만 음료수에 든 액상 과당을 자주 볼 수 있는데, 과일 속의 과당과는 어떤 관계일까? 분명히 말하지만 과당 분자는 천연이든 공장에서 합성한 것이든 똑같은 특징을 지닌 같은 분자다. 따라서 액상 과당이든 과일 속 과당이든 같은 물질이다. 그렇다면 과일을 많이 먹으면 과당을 많이 섭취해 문제가 될까? 당연하다. 하지만 과일을 먹고 문제가 되려면 한 번에 사과를 몇 개씩 먹어야 한다. 매일같이 사과를 수십 개씩 먹는 경우가 아니라면 사과 속 과당 때문에 탈이 날 일은 없다.

만일 사과를 더 먹고 싶으면 과자나 밥을 조금 줄이고 사과를 먹으면 된다. 사과를 많이 먹어서 탈 나는 것보다는 과일을 먹지 않아서 과일 속의 비타민과 미네랄을 얻을 수 없는 게 더 큰 문제가 될 수 있다. 과당 때문에 과일을 멀리하는 것은 다칠까 봐 운동하지 않는 것과 같다. 물론 운동하다 보면 다칠 수 있다. 하지만 운동 부족에 따르는 위험이 운동할 때 생기는 위험보다 훨씬 크다. 그렇다면 과당 때문에 과일을 먹지 않는 사람과 과당은 신경 안 쓰고 충분히 먹는 사람 중 누가 현명한 걸까?

에너지 드링크에는
에너지가 없다

✖

이온

땀 흘려 운동한 뒤 갈증을 해소하려고 마시는 에너지
드링크. 운동하고 마시는 음료라고 해서 스포츠음료,
또는 이온음료라고 한다.

이온음료를 판매하는 회사에서는 운동하고 나서
우리 몸에 2퍼센트 부족한 것을 채우기 위해
이온음료를 마셔야 한다고 광고한다. 왜 3퍼센트도
아닌 2퍼센트일까? 우리 몸의 수분 중 2퍼센트 정도를
잃어버리면 갈증이 시작되기 때문이다. 그리고 이때
물과 함께 필요한 무기질도 빠르게 공급해야 하니
이온음료를 마시라는 것이다.

사람들은 대체 언제부터 우리 몸의 2퍼센트를 이렇게
열심히 챙기기 시작했을까?

에너지 드링크와 스포츠음료 그리고 이온음료

스포츠음료의 시작은 게토레이다. 미국의 로버트 케이드 박사와 연구팀이 만든 음료로, 플로리다대학의 미식축구팀 '게이터Gator를 돕는다aid'는 뜻에서 게토레이Gatorade라고 이름 붙였다. 케이드 박사는 게이터의 경기를 분석한 뒤 패배 원인을 후반전에 체력이 떨어졌기 때문이라 여겼다. 그래서 물보다 빨리 흡수될 수 있도록 체액과 비슷한 농도를 가진 음료인 게토레이를 만들었고, 게이터 선수들은 게토레이를 마시고 우승을 거머쥘 수 있었다. 물론 게토레이를 마셨다고 갑자기 경기력이 좋아진 것은 아니겠지만 어쨌건 후반전에 선수들이 힘을 내는 데 도움이 된 것으로 보였다. 덕분에 게토레이는 상품으로 판매되었고, 이어서 다양한 스포츠음료가 출시되었다.

지금은 이온음료를 즐기는 사람이 많지만 처음 이 제품이 나왔을 때는 반응이 좋지만은 않았다. 소금물도 아니거니와 탄산음료처럼 달거나 청량감이 탁월한 것도 아닌 찝찝한 맛이었기 때문이다. 먹기 좋게 다양한 첨가물을 넣고 풍미를 향상시켜 만든 게 오늘날의 이온음료다. 이름만 다를 뿐 몸에 빠르게 흡수되도록 만든 것은 같다. 이온음료를 아이소토닉 드링크Isotonic drink라고 부르기도 하는데, 굳이 우리말로 옮긴다면 등장음료等張飮料라고 할 수 있다. 여기서 등장이란 사람의 체액과 농도가 같다는 뜻이다. 갑자기 왜 이렇게 어려운 말이 등장할까? 그건 우리 몸이 필요로 하는 것을 어떻게 흡수하는지 이해하기 위해서다.

스포츠음료뿐만 아니라 우리 몸이 물을 어떻게 흡수하는지 한번 생각해 보자. 우리 몸의 구조를 보면 위나 장 속은 우리 몸속이지만 실제로는 몸속이 아니다. 무슨 그런 말도 안 되는 소리가 있냐고? 입으로 먹은 음식은 위나 장을 통해 흡수되기 전까지는 몸속으로 들어온 게 아니다. 위벽이나 장벽을 통해 흡수되어야 비로소 몸속에 들어온 것이다. 그러므로 땀으로 빠져나간 물과 무기질을 빠르게 보충하려면 얼른 음료를 마신다고 될 게 아니다. 마신 음료를 몸이 얼마나 빠르게 흡수하는지가 중요한 것이다.

그럼 음료는 언제 가장 잘 흡수될까? 연구자마다 주장이 조금씩 엇갈리기는 하지만 보통 체액과 같은 농도일 때 흡수가 잘 일어난다고 한다. 그래서 체액과 같은 농도로 맞춰서, 수분과 무기염류를 빠르게 공급한다고 주장하는(?) 음료가 스포츠음료다.

이온음료 속에는 무엇이 있을까?

스포츠음료는 격렬한 운동으로 잃은 무기질과 수분을 보충하는 음료다. 따라서 스포츠음료 속에는 무기질과 수분이 들어 있다. 무기질은 나트륨소듐, 칼륨포타슘, 마그네슘, 철, 아연 등을 일컫는 미네랄 mineral이라고도 한다. 이러한 무기양분은 우리 몸에서 겨우 4퍼센트밖에 안 되고 열량을 내지도 않지만 생리작용을 조절하는 중요한 일을 한다. 땀을 많이 흘려서 나트륨이나 칼륨이 부족해지면 경련이 일어나거나 실신할 수도 있다.

문제는 무기질과 물만으로는 맛이 없다는 것이다. 사실 나트륨과 마그네슘이 풍부한 물은 바로 바닷물인데, 바닷물이 맛있는가? 맛도 없을뿐더러 나트륨을 너무 많이 섭취할 수 있다. 어쨌건 제품으로 팔기 위해서는 맛있어야 한다.

그래서 스포츠음료에는 당질을 비롯해 나트륨, 칼륨, 마그네슘 등의 무기질과 비타민C가 포함되어 있다. 당질은 대개 6에서 8퍼센트 농도로 함유되어 있는데 그보다 많아지면 장내 흡수 속도를 늦춰 효과가 낮아지기 때문이다. 주의해야 할 것은 나트륨이다. 한 캔에 평균 120밀리그램의 나트륨소금 약 0.3그램이 함유되어 있어 평소에 자주 마시면 식염을 과잉 섭취하게 될 수 있다.

이온음료 속에는 당연히 이온ion이 들어 있는데, 흔히 전해질電解質이라고 부른다. 우선 단어의 뜻부터 생각해 보자. 이온이라는 말은 '이동한다', '움직인다'라는 뜻의 그리스어에서 온 것으로 용액 속에서 무엇인가 이동해 전기를 통하게 한다고 여긴 데서 붙인 말이다. 전해질이라는 말도 풀어내면 '물에 녹아 전기를 흐르게 하는 물질'이라는 뜻이다.

원자는 원래 원자핵이 지닌 양전하와 전자가 지닌 음전하의 수가 같으므로 전기적으로 중성이다. 하지만 전자를 잃으면 양이온, 전자를 얻으면 음이온이 된다. 이온은 전기적 성질을 띠고 있어 용액에 전압을 걸면 양이온은 음극, 음이온은 양극으로 끌려가면서

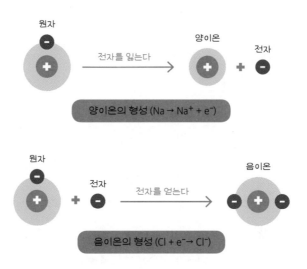

원자
양이온
전자

전자를 잃는다

양이온의 형성 (Na → Na⁺ + e⁻)

원자
전자
음이온

전자를 얻는다

음이온의 형성 (Cl + e⁻ → Cl⁻)

전하를 이동시킨다. 이때 전자의 이동을 전류라고 한다. 이온을 전해질이라고도 부르는 이유가 이것이다.

이온음료 속에는 나트륨 이온Na^+, 칼륨 이온K^+, 칼슘 이온Ca^{2+}, 마그네슘 이온Mg^{2+} 등이 있다. 나트륨 원자가 전자 1개를 잃으면 나트륨 이온이 된다. 나트륨 이온에 위 첨자 '+'는 전자 1개를 잃었다는 표시다. 마찬가지로 칼슘 이온의 위 첨자 '2+'는 전자 2개를 잃었다는 의미다.

이온은 우리 몸속에서 전기화학적 반응을 일으키는 데 필요하다. 만약 인체에 나트륨 이온과 같은 물질이 부족해지면 근육 경련이 일어날 수 있다.

화이트초콜릿에는
초콜릿이 없다

✖

영양소

붕어빵에는 붕어가 없고, 국화빵에는 국화를 넣지
않는다. 이건 상식도 아니고 그렇다고 웃기지도
않는 아재개그다. 그런데 이런 당연한 이야기와 달리
화이트초콜릿에 초콜릿이 없다면? 그건 완전 다른
이야기다.

진짜 배신이라고 느끼겠지만 화이트초콜릿도 엄연히
초콜릿이라는 이름을 달고 팔린다. 또 다른 충격적인
사실! 게맛살에는 '게살'이 전혀 들어 있지 않다.
초콜릿 없는 화이트초콜릿, 게살이 없는 게맛살이라니….
어처구니없는 이 식품들의 정체는 대체 뭘까?
정답은 제품 뒷면에 나와 있다.

원래 들어 있는 거야?

붕어빵에는 붕어가 없지만…

붕어빵과 달리 화이트초콜릿에 초콜릿이 없다면 초콜릿이라는 단어를 쓰지 말아야 하는 거 아니냐고 하겠지만 문제는 그리 간단치 않다. 화이트초콜릿도 성분 중 일부는 초콜릿의 원료가 되는 코코아 열매에서 추출하기 때문이다. 그러면 초콜릿이 들어갔다고 여기겠지만 이것은 '무엇을 초콜릿이라고 부르는지'에 따른 문제다.

우선 초콜릿이 어떻게 만들어지는지 따져 보자. 초콜릿의 원료인 코코아분말은 코코아나무 열매에서 얻는다. 코코아랑 카카오가 다르다고 생각할 수 있는데, 같은 것이다. 물론 코코넛은 발음만 비슷할 뿐 전혀 다른 식물이다. 어쨌건 코코아나무에서 얻은 열매는 섬유질이 풍부하고 시큼한 맛이 나며, 속에는 흰 씨앗이 들어 있다. 이 씨앗이 커피색의 초콜릿이 되려면 커피처럼 코코아빈을 볶는 로스팅 과정이 필요하다. 이 과정을 거치고 나면 초콜릿 특유의 풍미가 느껴지는 진정한 초콜릿으로 거듭난다.

이처럼 코코아 씨앗을 갈아서 만든 코코아매스에, 취향에 따라 설탕이나 분유, 향료 등을 더해 섞으면 초콜릿이 된다. 따라서 코코아매스를 사용했다더라도 비율이 다르면 제품의 이름도 달라진다.

먼저 다크초콜릿은 코코아 함량이 높아 쓴맛이 나고 초콜릿 향이 강하다. 유럽에서는 코코아매스를 30퍼센트 이상, 우리나라에서는 20퍼센트 이상 포함할 때 다크초콜릿이라 한다. 흥미롭게도 식약처는 화이트초콜릿의 기준은 고시하되 다크초콜릿의 기준은 고시하지 않았다.

코코아 씨앗 → 발효 → 건조 → 코코아빈

코코아분말 ← 코코아버터 ← 코코아매스 ← 로스팅

초콜릿 원료가 만들어지는 과정

그렇다면 화이트초콜릿은 어떻게 구성될까? 코코아매스에 우유를 섞은 걸까? 그렇다. 식약처의 **식품공전**에 따르면 화이트초콜릿은 "코코아가공품류에 식품 또는 식품 첨가물 등을 가해 가공한 것으로서, 코코아버터를 20퍼센트 이상 함유하고, 유고형분이 14퍼센트 이상 유지방 2.5퍼센트 이상인 것을 말한다."

> 식품공전: 식품위생법 제7조 1항의 규정에 따른 식품의 원료에 관한 기준, 식품의 제조·가공·사용·조리와 보존 방법에 관한 기준, 식품의 성분에 관한 규격과 기준에 대한 시험법을 고시한 것.

여기서 유고형분은 우유에서 물을 제외한 나머지 고체 성분이다. 따라서 화이트초콜릿은 코코아버터와 우유에서 추출한 유지방 성분으로 만들어 흰색이 된 것이다. 물론 우유 때문에 흰색이 된 것은 아니다. 밀크초콜릿에도 유고형분이 12퍼센트 이상 들어가지만 코코아분말이 있어 초콜릿색을 띤다. 어쨌건 화이트초콜릿은 코코아 분말을 빼고 코코아버터로 만들어 흰색이다. 사실 화이트초콜릿이라고 부르지만 코코아버터의 색은 아이보리색이다. 따라서 코코아버터의 함량이 높은 화이트초콜릿은 아이보리색을 띠며, 가격도 비싸다. 물론 색으로 구분하는 것은 큰 의미가 없다. 색은 얼마든지 바꿀 수 있으니까.

그렇다면 싸구려 제품은 어떨까? 그 경우에는 코코아버터 대체 유지를 사용한다. 대체 유지는 코코아버터를 흉내 내기 위해 팜이나 코코넛, 대두 등에서 식물성 유지 성분을 뽑아내 코코아 향과 설탕을 더해 만든 것이다. 아무리 싸구려라도 코코아매스가 20퍼센트는 들어 있을 거라고 착각하지 말자. 식품공전에는 "준초콜릿"이라는 분류가 있는데 "코코아가공품류에 식품 또는 식품첨가물 등을 가해 가공한 것으로서 코코아고형분 함량 7퍼센트 이상인 것을 말한다." 여기서 코코아고형분은 코코아매스에서 지방을 제거한 무지방 코코아고형분과, 코코아버터를 이른다.

이렇게 만들어진 준초콜릿은 대개 싸구려 제품이다. 준초콜릿으로 분류되는 싸구려 화이트초콜릿화이트초콜릿이 아니다.은 코코아버터가 거의 들어 있지 않아 초콜릿이라기보다는 그냥 열량덩어리라고 부르는 게 옳을 정도다. 건강을 생각해서 좋은 초콜릿을 먹고 싶다면 꼭 제품 뒷면에 표기된 초콜릿의 종류를 확인하는 게 현명하다.

초콜릿을 먹을까? 말까?

많은 사람이 초콜릿 하면 고급스럽게 포장된 스위스 초콜릿을 떠올리지만 사실 초콜릿의 원산지는 남아메리카다. 스페인의 정복자 에르난 코르테스가 아즈텍에서 초콜라틀이라는 음료를 맛보고 유럽으로 전했다. 유럽인이 초콜라틀에 설탕과 바닐라를 넣어 쓴맛을 없애고 먹기 좋은 코코아 음료로 만들자 유럽 전역에 널리 퍼지게 된다. 그러다 1842년 영국에서 코코아 케이크가 등장한다. 그리고 1876년 스위스에서 오늘날 가장 흔한 형태인 판 모양의 초콜릿을 만들면서 스위스 초콜릿이 유명해졌다.

한편 영화 〈찰리와 초콜릿 공장Charlie And The Chocolate Factory〉2005에 나오는 게걸스럽게 초콜릿을 먹는 뚱보 소년의 모습에서 연상되듯 비만과 충치를 일으키는 대표적 식품으로 인식되기도 했다. 그렇다고 초콜릿이 비만 유발 식품이냐고 묻는다면 적절하지 못한 질문이다. 물을 제외한 모든 식품에는 열량이 있고, 많이 먹으면 몸무게가 는다. 그러나 초콜릿은 고열량 식품이므로 과체중인 사람은 초콜릿을 멀리해야 한다는 주장에 반론도 있다. 코코아버터는 체내에서 흡수가 잘 안 되기 때문이다. 배고플 때 초콜릿을 먹으면 공복감이 쉽게 사라져 오히려 다이어트에 도움이 된다는 주장도 있다.

확실히 초콜릿은 사탕처럼 열량만 높은 정크푸드가 아니다. 초콜릿에는 단백질과 칼슘, 마그네슘, 인과 같은 영양 성분도 있다. 우리 몸의 세포가 산화물질의 공격을 받아 노화나 암이 생기는 것을

원래 들어 있는 거야?

막아 주는 항산화물질인 폴리페놀이 들어 있다는 사실도 알려져 있다. 덕분에 요즘은 건강을 위해 다크초콜릿이나 코코아닙을 먹는 사람도 자주 보게 되었다. 군인이나 등산객, 여행을 가는 사람에게 는 초코바가 필수품이라 할 만큼 초콜릿은 부피에 비해 열량이 높고 영양소도 골고루 들어 있다. 그렇다고 너무 많이 먹는 것은 좋지 않다. 비만 유발 식품이라고 부르지 않더라도 열량이 높은 건 사실 이기 때문이다.

건강이나 비만 이외에도 초콜릿은 할 이야기가 많은 식품이다. 인류 최대의 관심사인 사랑과 관련이 깊으니까. 밸런타인데이에 연 인들이 주고받는 초콜릿은 입 안에서 녹는 달콤한 부드러움과 함 께 기분을 좋게 만들어 준다.

먼저 '녹는다'는 특징을 살펴보자. 혼합물은 녹는점이 일정하지 않은 데다 코코아버터의 **결정** 형 태에 따라서도 조금씩 차이가 나 지만, 초콜릿의 코코아버터는 대개

> 결정: 원자나 이온이 일정하게 결합 되어 고체 상태를 유지하는 물질. 석영은 결정이지만 석영을 원료로 만든 유리는 비결정성 물질이다.

녹는점이 28도℃를 나타낸다. 이 책에서는 모두 섭씨 온도 단위를 사용했다.로 체온 보다 조금 낮다. 그래서 입 안에 들어가면 상태변화가 쉽게 일어난 다. 즉 부드럽게 녹는다. 녹는점이 부드러움을 결정하는 데 왜 중요 할까? 초콜릿 맛 사탕과 초콜릿을 비교해 보면 간단하게 알 수 있다. 설탕이 굳은 사탕은 녹는점이 180도가 넘는다. 그러니 입에 넣어서 녹인다는 것은 말도 안 되는 이야기다! 그런데 사탕은 분명 입에 넣

으면 녹는다. 이것은 사실 녹는 게 아니라 소금이 물에 섞이듯 용해되는 것이다. 이와 달리 초콜릿은 융해가 일어나 부드럽게 녹는다.

또한 초콜릿에는 향을 내는 화합물이 총 387종 포함되어 있다. 맛과 향에 영향을 주는 물질이 이렇게 많다는 의미다. 이러한 성분은 처음부터 코코아빈 속에 든 것도 있지만 숙성과 로스팅 과정에서 생성되기도 한다. 어쨌건 이 많은 화학물질을 하나하나 신경 쓸 필요는 없으며 그중 카페인, 테오브로민, 페닐에틸아민, 마그네슘처럼 사람의 기분을 좋게 하는 물질에 대해서만 살짝 알아보자.

카페인은 혈관을 확장시키고 심장박동을 촉진시킨다. 고카페인 음료는 주의해야 하지만 카페인에 민감한 사람이 아니라면 대체로 초콜릿이나 커피 속의 카페인은 문제를 일으키지 않는다. 테오브로민은 마음을 편안하게 만들고 페닐에틸아민은 쾌감과 행복감을 불러온다. 또한 마그네슘이 부족하면 우울증이 올 수 있으니 마그네슘도 기분을 좋게 하는 데 도움을 주는 셈이다.

그렇다고 초콜릿을 너무 많이 먹지는 말자. 기분을 풀려고 자꾸 의지하다 보면 자기도 모르는 사이에 체중이 꾸준히 늘 테니까. 사람과의 관계에서도 초콜릿은 단지 기분을 푸는 데 조그만 도움이 될 뿐이다. 생각해 보라. 전설적인 바람둥이 카사노바가 연인에게 초콜릿 음료를 즐겨 선물했다고 해서 초콜릿을 자주 건네는 사람이 모두 바람둥이가 될까? 만일 그렇게 된다면 모태솔로에게 초콜릿은 그야말로 신이 내린 음식이리라.

왜 음식 가지고
잔소리를 할까?

"이것은 먹지 마라", "저것은 영양가가 높으니 꼭 먹어라", "너무 급하게 먹지 마라" 등등. 가족과 식사를 하다 보면 걱정 섞인 조언이 쏟아지곤 한다. 그런데 가족이라서 걱정하는 말이 아니라 세상에는 '정말로' 먹지 말아야 하거나 피해야 할 음식이 많다. 식용으로 할 수 없어서가 아니다. 분명 다른 문화권에서는 식용인데도 특정 문화권에서는 굳이 먹지 않는 것들 말이다. 여기에는 문화나 종교, 풍습 또는 자신의 신념에 따른 여러 이유가 있다.

일단 음식이 종교와 얽히면 지켜야만 하는 금기의 영역이 된다. 힌두교를 믿는 인도 사람은 소를 먹지 않는다. 엄밀하게 힌두교 문화권에서는 전사 계급을 제외하면 고기를 먹지 않는다. 이슬람교를 믿는 사람은 엄격하게 규정된 할랄푸드만 먹는다. 살생을 금지한 불교의 가르침을 따르는 승려는 고기를 먹지 않는다. 더 나아가 자이나교를 따르는 사람은 움직이면서 곤충을 죽이지 않으려고 조심조심 다니고, 벌레가 든 과일도 먹지 않을 만큼 살생을 멀리한다.

종교가 아닌 풍습이나 관습은 어겨도 상관은 없다. 하지만 지키지 않으면 괜히 찜찜하다. 시험 치러 간 사람이 미역국을 먹지 않는 것이나 찹쌀

떡을 먹는 것, 동지에 팥죽을 먹는 것 등이 그 예다. 물론 복날에 삼계탕이나 수박을 먹는 것과 같이 영양학적으로 이유가 있는 풍속도 있다.

종교적 관습이나 미신, 전통이라고 쉽게 단정 지을 수도 있지만 곰곰이 생각해 보면 식사에 대한 참견은 참 넓게 퍼져 있다. 이렇게 인류가 식사에 참견하는 습관을 지니고 있는 것은 왜일까?

오랜 시간에 걸쳐 음식에 대해 서로 조언하며 안전을 확보했기 때문일 것이다. 먹을거리가 너무나 귀중했던 원시시대에는 먹는 일이 곧 생명을 지키는 일이었다. 식량이 부족한 상황에서 새로운 종류의 먹을거리를 찾아내면 그만큼 살아남는 데 유리했다. 하지만 새로운 것을 먹어 본다는 것은 큰 모험이었다. 아무 열매나 동물을 먹으면 자칫 독으로 목숨을 잃을 수도 있었다.

자연은 호락호락하지 않다. 움직일 수 없는 식물이라고 하더라도 독소가 있어 스스로를 보호하는 경우가 많다. 동물의 신체 부위도 잘못 먹으면 감염을 일으킬 수 있다. 이런 상황에서 새로운 먹을거리를 찾아 무리에 알리고, 목숨 걸고 먹어 보는 것은 동료에게 유용한 정보가 되었을 것이다. 이처럼 음식을 먹는 데 사람들이 서로 참견하는 것은 무리지어 살기 시작하면서 서로에게 도움이 되는 정보를 공유하는 행위에서 기원한다.

시간이 흘러 이제 우리는 새로운 논쟁에 직면해 있다. 바로 개 식용 문제다. 개 식용을 옹호하는 측에서는 보신탕이 전통 음식 문화이며 다른 가축을 먹듯 개도 가축의 범주에 넣어야 한다고 주장한다. 반대 측에서는 개는 반려동물이며 인간의 친구라고 주장한다. 반려동물을 잡아먹는 것은 비인간적이며, 잔인한 행위라는 것이다. 동물단체의 반대를 피하기 위해 보신탕업체는 반려견을 죽이지 않는다고 해명했지만 실상은 그렇지 않았다. 유기견과 반려견이 버젓이 식용견으로 유통되었던 것이다. 동물단체에서는 애초에 식용견과 반려견을 구분하는 게 불가능하다고 말한다. 식용견이나 반려견이나 모두 같은 개라는 것이다. 이것은 또 다른 논란을 부추겼다. 돼지를 반려동물로 키우는 사람의 입장에서는 모든 돼지를 식용으로 해서는 안 된다는 주장이 가능해지기 때문이다. 이렇게 논리를 확대하면 결국 육식을 반대해야 한다는 주장에 이른다.

물론 육식을 반대하는 입장에도 여러 논리가 있을 수 있다. 경제학자 제러미 리프킨은《육식의 종말》을 통해 소고기를 즐겨 먹는 육식을 중단해야 지구의 환경을 되살릴 수 있다고 주장한다. 윤리적 채식주의를 주장하는 피터 싱어는 환경 문제가 아니라 '모든 동물은 평등'하므로 윤리적 이유로 육식을 중단해야 한다고 말했다.

과거에 섭식은 생존이 걸린 영양학적인 문제였다. 하지만 오늘날에는 육식을 않는다고 해서 목숨이 오가지 않는다. 채식이 육식에 비해 양질의 단백질을 섭취하기 어렵다고는 하지만 채식만으로도 건강을 지키거나 더 건강한 사람도 많다. 때문에 육식이 반드시 필요하다고 주장할 수는 없다.

이제 먹는 문제는 영양학과 문화에 걸친 복합적인 문제가 되었으며, 때로 정치나 외교 문제로 번지기도 한다. 어떤 식품을 선택하고 멀리할 때 그 이유가 타당한지 여러 각도로 생각해 보는 게 필요하다.

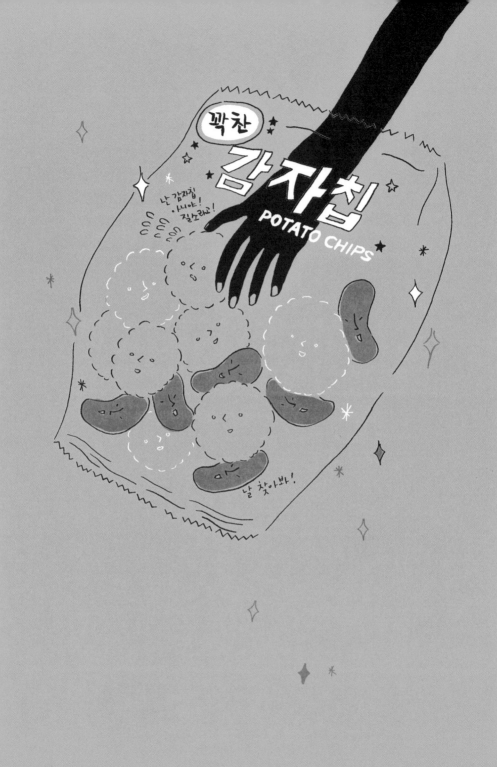

2. 화요일

화려한 눈속임에 속지 마라?

멀리 사는 친구에게 택배를 보내려고 하는데 박스는 크고
물건은 작아서 자꾸 흔들린다. 이러다 배송 중에
깨지기라도 하면 어쩌지? 아, 질소 과자를 사서 넣으면
되겠구나! 과자는 덤이지, 뭐.

식품의 색은
어떻게 낼까?

✖

빛과 색

장을 보러 마트에 가면 곳곳의 조명을 주의 깊게
살펴보자. 마트에서 품목마다 어떤 조명을 쓰는지 보면
관리자가 빛에 얼마나 신경을 쓰는지 알 수 있다.
정육 코너의 상징과도 같은 붉은색 조명은 고기를
더욱 신선해 보이게 만든다. 야채와 과일 코너의 조명도
마찬가지다. 야채에 붉은색 조명을 사용했다가는
낭패를 볼 것이다. 상상만 해도 무섭다. 야채의 색이
거무스름하거나 어두워 보이면 썩어 가는 듯 느껴질
테니.
어떤 식품이든 일단 먹음직스럽고 싱싱해 보여야
식욕을 자극해서 잘 팔릴 수 있다.

보기 좋은 떡이 맛도 좋다

우리는 음식의 색에 민감하다. 음식을 먹을 때 가장 먼저 음식을 확인하는 감각기관도 눈이다. 눈으로 보고 음식에 대한 첫 판단을 한다. '보기 좋은 떡이 맛도 좋다'는 말도 있지 않던가? 눈으로 음식을 살펴 얼마나 맛있는 음식인지 판단한다는 뜻이다.

또한 음식을 떠올리면 연상되는 색이 있다. 바나나 우유는 노란색, 딸기 우유는 빨간색이라고 여기는 것도 그 과일과 연상되는 색으로 우유를 만들어 팔아서다. 순수한 바나나 음료라면 아이보리색이 나야 하지만 바나나는 노란색이라는 고정관념이 강해서 굳이 음료를 노란색으로 만들거나 노란색 용기에 담아서 판다. 마찬가지로 딸기잼에 좀 더 밝은 붉은빛을 내기 위해 색소를 사용한 제품도 있다. 심지어 수제 잼이라고 해놓고 색소를 집어넣는 경우도 있다. 이렇게 우리는 색에 대한 고정관념이 있어 음료에 다양한 색소를 첨가해 색을 낸다.

색이 사람의 식욕을 자극하는 데 중요하다는 점은 파란색 음식이 없는 것만 봐도 쉽게 알 수 있다. 자연에서 사람이 먹을 수 있는 음식 가운데 파란색 계열인 것은 거의 없다. 그나마 비슷한 거라고는 포도나 블루베리 같은 보라색 계열뿐이다. 이는 기본적으로 자연에 파란색을 띤 식물이나 동물이 거의 없는 것과 같은 맥락이다. 녹색식물은 광합성을 하는 데 엽록소라는 녹색 색소를 이용하고, 과일도 파란색 색소는 거의 생성하지 않는다. 동물도 온통 녹색과 붉은색의 식물이 가득한 세상에서 홀로 푸른색을 지니면 피식자나 포식자 모두 상대방에게 쉽게 발각되어 생존에 아무런 득이 되지 않는다. 독화살개구리처럼 강력한 독을 지닌 경우는 오히려 화려한 색으로 포식자에게 자신을 드러내지만 그건 예외적인 경우다. 우리가 흔히 먹는 과일이나 곡류, 고기의 색은 파란색과 거리가 멀다.

그렇다면 식욕을 자극하는 식물의 색은 생태계에 어떤 기능을 하는지 짚어 보자. 식물은 동물에게 과일을 제공하고, 과일을 먹은 동물은 그 속에 있는 씨앗을 멀리 퍼트리는 택배 서비스(?)를 제공한다. 이러한 전략을 쓸 때 주의할 점이 있다. 아직 씨가 생성되지 않은 상황에서 성질 급한 동물이 과일을 먹어 버리면 안 된다는 것이다. 그래서 식물은 풋과일을 초록색으로 위장해 잎 사이에 감춰 둔다. 그래도 따 먹는 동물이 있을까 봐 덜 익은 과일은 맛이 없거나 배탈을 일으키는 독소를 지니게 한다. 그리고 과일이 알맞게 익으면 비로소 특유의 먹음직한 색을 드러내 동물에게 알리는 것이다. 여기 다 익은 맛있는 과일이 있노라고.

음식에는 색이 없다?

빨간 사과와 노란 바나나를 똑같은 조명 아래에서 쳐다보자. 과일 색은 그 과일 자체의 것이지 광원, 즉 빛 때문이라는 생각을 하기란 쉽지 않다. 사과의 빨간색과 바나나의 노란색이 사과와 바나나가 지닌 색이라고 여기지 않고 빛에 의한 것이라고 생각하기 쉽지 않은 것처럼 말이다. 하지만 색이 빛에서 나온다는 사실은 조명에 따라 색이 변하는 것을 보면 알 수 있다. 즉 모든 색의 비밀은 사물이 아닌 빛에 있다. 아무리 화려한 색채의 과일도 어두운 조명 아래에서는 그 색을 느낄 수 없다. 그게 바로 색의 비밀이다. 어둠 속에서는 색이 보이지 않는 게 당연하다고?

당연하게 생각되는 그 사실을 알아내기까지 2천년이 넘게 걸렸다! 아이작 뉴턴이 그 유명한 <u>결정적 실험</u>을 하기 전까지 사람들은 물체의 색이 물체에 있다고 믿었다.

> 결정적 실험: 프리즘을 통과한 햇빛을 볼록렌즈로 모은 뒤 다시 프리즘을 통과시킨 실험. 뉴턴은 1704년 발표한 《광학》에서 이 실험이 햇빛은 여러 가지 단색광이 합쳐진 것을 증명하는 결정적인 증거라는 뜻에서 이렇게 불렀다.

지금도 빨간 사과의 색이 사과가 아닌 빛에 있다는 사실을 아는 사람은 드물다. 그렇다면 빨간 사과와 노란 바나나는 왜 그러한 색으로 보이는 것일까?

우리가 물체를 보고 색을 느끼는 것은 눈의 망막이 빛을 감지하고, 이 감지 신호를 뇌에서 해석하는 것이다. 이때 빛이 눈으로 들어오는 과정을 따라가 보면 신비로운 색의 비밀을 풀 수 있다. 우리가 사과를 보기 위해서는 사과에서 반사된 빛이 눈으로 들어와 망막에 상이 맺혀야 한다. 이때 빛이 사과에서 모두 반사되면 사과는 희게 보이며, 모두 흡수되면 검게 보인다. 흰색과 검은색이 아닌 경우에는 일부 파장 영역의 빛이 흡수되기 때문에 색을 띤다. 빨간 사과는 빨간색 파장 영역의 빛만 반사하고 나머지 빛은 흡수한다. 마찬가지로 바나나는 노란색 빛만 반사한다. 그럼 어차피 사과나 바나나가 어떤 영역의 빛을 반사하는지에 따라 색이 결정되기 때문에 결국 사과나 바나나에 색이 있는 게 아니냐고 반문할지도 모른다. 물론 그러한 이유로 색이 다르게 보이는 것은 맞지만 결국 빛이 없으면 색도 없다.

사과와 바나나를 겨우 확인할 정도로 어두운 곳에서 사진을 찍어 보라. 그러면 사과와 바나나의 색이 사라진 것을 확인할 수 있을 것이다. 하지만 여기서 잠깐. 책에서 이렇게 이야기한다고 해서 덮어 놓고 믿지는 말자. 어둠 속에서도 틀림없이 사과는 빨갛고 바나나는 노랗다고 여길 것이다. 그건 심리적인 것이지 물리적인 현상이 아니다. 즉 이전에 빨간 사과와 노란 바나나를 익숙하게 봐 왔으므로 뇌가 알아서 그걸 채색해서 느끼는 것일 뿐, 실제로 빨간 종이와 노란 종이로 실험하면 색을 구분할 수 없을 것이다.

빛과 색에 대해 한두 쪽으로 간단히 설명하려면 너무 많은 내용을 생략해야 한다. 빛의 신비에 관심이 있다면 빛과 색에 대한 책을 읽어 보기를 권한다.

식용색소와
천연색소

✖

색소

백설공주의 빨간 사과는 유혹이다.

슈렉의 초록색은 혐오다.

유치원 자동차의 노란색은 보호다.

색은 저마다 의미와 상징을 지닌다.

우리 식탁을 풍요롭게 만드는 빨간 사과부터 주황색

당근과 귤, 녹황색 채소에도 그러한 의미가 있을까?

물론 있다. 색을 드러냄으로써 음식은 우리와 이야기를

나누고 싶어 한다. 덜 익은 과일의 색이나 썩은 음식의

색이 바로 그것이다. 그리고 색을 내는 비밀은 바로

색소가 지니고 있다.

색을 품은 식품

색소는 물체에서 색을 담당하는, 즉 색을 내는 물질을 이른다. 그러므로 물체가 어떤 색을 낼 때는 그 물체 속에 색소가 들어 있다고 보면 된다.

잘 익은 빨간 사과, 주황색 파프리카, 녹색 채소나 붉은색 고기, 달걀 노른자 등 식품의 색은 모두 색소 때문에 생긴 것이다. 물감이나 책, 옷의 색도 모두 색소에 따른 것이다. 그렇다면 그림을 그릴 때 사과의 빨간색은 사과 껍질에서 색소를 빼내서 그려도 되지 않느냐고 생각할 수도 있다. 물론 가능하다. 그 소중한 그림을 오래 보관되지 않아도 된다면 말이다. 과일이나 채소에서 빼낸 색소는 빛이나 열에 약해서 쉽게 색을 잃어버린다. 그래서 염색이나 물감에 사용하는 색소는 염료나 안료처럼 쉽게 분해되지 않는 광물성을 많이 쓴다.

다시 식품으로 돌아가자. 사람들은 몸에 좋다고 당근이나 토마토를 주스로 갈아 마시곤 한다. 이때 당근 하면 주황색, 토마토 하면 빨간색이 떠오를 것이다. 그렇다. 당근과 토마토 특유의 색도 색소에 의한 것이다. 이들이 지니고 있는 색소 무리를 카로티노이드carotenoid라고 부른다. 카로티노이드는 산소가 없는 카로틴carotene류와 산소와 결합한 잔토필xanthophyll류로 분류한다. 카로틴류로는 카로틴과 리코펜lycopene, 잔토필류로는 루테인lutein과 제아잔틴Zeaxanthin, 아스타잔틴astaxanthin 등이 있다. 또한 우리가 많이 먹는 식물에는 플라보노이드flavonoid라는 색소도 있다.

카로티노이드라는 이름은 당근carrot에 많이 들어 있는 색소를 카로틴이라고 불러서 붙여진 이름이다. 카로티노이드 계열에 속하는 색소 중 특히 유명한 게 베타카로틴beta-carotene이다. 베타카로틴이 비타민A의 기능프로비타민을 한다고 알려지면서 당근 주스가 인기를 끌기 시작한 것이다. 당근보다 훨씬 붉은 토마토는 리코펜이라는 빨간 카로티노이드 색소를 가지고 있다. 먹음직스러운 빨간 사과는 안토시아닌anthocyanin이라는 플라보노이드 색소가 들어 있어 그렇게 빨간색을 띤다. 딸기나 포도 등에도 플라보노이드 계열의 색소가 들어 있어 색을 낸다.

물론 동물의 경우에도 색소에 의해 색을 드러내는 경우가 많다. 일부 나비나 새의 깃털처럼 색소가 아니라 간섭 현상에 의한 산란색도 있다. 달걀 노른자는 베타카로틴 외에도 루테인과 제아잔틴이라는 색소가 있어 노란색을 띤다. 우리는 흔히 새우를 빨간색이라고 여기지만 사실 시장에서 살 때 새우는 붉은색이 아니라 청록색이나 회색을 띠었을 것이다. 새우를 튀기거나 삶아서 가열하면 아스타잔틴이라는 색소 단백질이 변성되어, 아스타신astacin으로 변해 빨간 새우가 되는 것이다. 재미있는 것은 홍학의 분홍색 깃털도 아스타신 때문이라는 사실이다. 홍학은 새우 같은 갑각류를 먹어서 아스타신이 깃털에 쌓여 아름다운 분홍 깃털을 갖게 된 것이다. 물론 홍학만 먹이 때문에 몸 색깔이 바뀌는 것은 아니다. 사람도 그렇다. 새우를 먹고 붉게 변하지는 않지만 귤을 먹으면 손톱이나 피부가 노랗게 변한다. 바로 귤의 카로티노이드 때문이다.

녹황색 채소는 녹색을 싫어한다?

색소가 단순히 식물이나 동물의 색을 내는 물질이라고 여길 수도 있다. 물론 색을 내는 물질이 맞지만 색소는 생각보다 훨씬 중요한 기능을 한다. 심지어 1915년 노벨 화학상은 "식물 색소, 특히 클로로필엽록소, chlorophyll에 관한 연구"로 독일의 화학자 리하르트 마르틴 빌슈테터Richard Martin Willstätter가 수상했을 정도다. 빌슈테터는 식물의 색소와 인간의 혈액 속 색소가 유사하다는 것을 밝혀냈고, 색소에 대한 다양한 연구로 노벨상을 수상했다. 아니 색소가 뭐 그리 대단하기에 그에 대한 연구로 노벨상까지 받았을까?

녹색식물이 녹색으로 보이는 이유는 엽록소라는 색소 때문이다. 이 색소가 엽록체에 들어 있고, 엽록체가 식물의 잎에 분포하므로 녹색을 띠는 것이다. 피가 붉게 보이는 것은 적혈구 내에 있는 혈색소 헤모글로빈hemoglobin 때문이다.

흥미롭게도 엽록소와 헤모글로빈의 분자구조는 유사하다. 다만 엽록소는 분자 가운데 마그네슘을 품고 있고, 헤모글로빈은 철과 결합해 있다는 점이 다르다. 그래서 엽록소는 녹색을 띠고 혈색소는 붉은색을 띤다.

식물의 엽록소

인간 혈액의 헤모글로빈

화려한 눈속임에 속지 마라?

또한 두 색소는 녹색식물과 동물에게 중요한 기능을 한다. 엽록소는 광합성을 통해 녹색식물의 유기양분을 합성하고, 헤모글로빈은 적혈구 안에서 산소와 결합해 산소 운반 작용을 한다. 식물은 광합성으로 자신이 먹고 살 양분을 얻는다. 물 먹고 자라는 게 결코 아니다! 광합성을 통해 식물이 유기양분을 합성해야 동물은 식물을 먹고 살아갈 수 있다. 엽록소가 우리를 먹여 살린다는 거다. 적혈구 내의 헤모글로빈이 산소를 운반해야 조직세포는 영양소를 산화시켜 에너지를 얻을 수 있다. 빈혈이란 피가 부족하다는 의미지만 사실은 헤모글로빈 수치가 낮다는 뜻이다.

이제 색소가 단지 알록달록 아름다운 색을 보여 주려고 존재하는 것은 아님을 알았을 것이다. 또 하나 재미있는 사실이 있다. 사람들은 녹색식물이 녹색을 띠고 있어서 녹색을 '자연의 색' 또는 '건강한 색'으로 인식한다. 하지만 정작 녹색식물은 녹색을 싫어한다. 녹색을 싫어하니까 흡수하지도 않고 내보내는 게 아닐까?

녹색식물이 녹색을 싫어한다는 것을 이해하기 위해서는 색을 내는 원리를 이해해야 한다. 색소가 색을 내는 물질이라고 했지만 색은 색소 안에 없다. 앞서 말했듯 색은 색소와 같은 물체가 아닌 빛 속에 있다.

색소가 색을 나타내는 원리는 간단하다. 빨간 색소는 빨간색 영역의 빛을 반사하고 나머지 영역의 빛은 모두 흡수한다. 이제 녹색식물이 녹색을 싫어한다는 이야기의 뜻을 이해할 수 있을 것이다.

엽록소는 파란색과 붉은색 계열의 빛을 좋아해서 이를 흡수하고, 나머지 녹색은 흡수하지 않고 그냥 내보낸다. 즉 식물에게는 쓸모 없는 녹색인 셈이다. 그걸 보고 우린 녹색이 자연의 상징이라고 하는 것이다. 어차피 식물의 광합성 결과로 남은 부산물인 산소를 마시며 좋다고 사는 존재가 우리다. 그러고 보면 자연에서 식물과 동물은 오래전부터 이미 '아나바다 운동'을 펼치며 살아 온 셈이다.

✖

맛있는
실험

보라색 양배추 또는 포도 껍질을 갈아서 즙을 낸다. 즙을 거른 다음 식초를 한두 방울 떨어뜨리고 색이 어떻게 변하는지 관찰해 보자. 붉은색으로 변하는가? 이번에는 베이킹소다(탄산수소나트륨)를 넣어보자. 푸른색으로 변하는 것을 관찰할 수 있을 것이다. 보라색 양배추나 포도의 껍질에 있는 색소가 지시약의 기능을 하므로 이러한 현상을 관찰할 수 있다.

과자는 없고
포장이 절반이네

✖

감각

몇 년 전, 대학생들이 과자 봉지로 뗏목을 만들어
한강을 건너는 퍼포먼스를 한 적이 있다. 과자는 없고
봉지 안에 질소만 가득 들었으니 뗏목도 만들 수 있다는
창의적인(?) 발상이었다. 하긴, 그동안 오죽했으면
'감자칩'이라고 적고 '질소 과자'라고 읽었을까?
다행히 최근에는 '착한 포장 프로젝트'가 주목을
받고 있다. 가격을 올리기 전에 내용물의 양을 줄이고
질소를 가득 넣었던 과거의 관행을 깨고, 내용물의
양은 늘리면서 불필요한 포장을 줄이는 친환경적이고
합리적인 포장이 소비자의 마음을 사로잡기 시작한
것이다. 소비자와 환경을 생각하는 이런 착한 포장이
계속 늘어나면 좋을 텐데!

감자 과자가 아닌 질소 과자

감자 과자에는 여러 종류가 있는데 크게 감자튀김과 감자칩으로 나눌 수 있다. 두꺼워서 바삭거리는 느낌이 없는 감자튀김과 달리 감자칩은 씹을 때 바삭거리는 소리가 일품이다. 감자를 얇게 썰고 튀겨서 만든 감자칩은 1953년 미국의 사라토가 스프링스에 있는 호텔 주방장 조지 크럼이 처음 만들었는데, 크럼은 감자 요리를 두고 계속 투정 부리는 손님 때문에 점점 감자를 얇게 썰어 튀기다가 결국에는 포크를 사용하면 부서질 만큼 얇은 감자칩을 만들었다. 하지만 손님은 불평은커녕 너무나 좋아했고 사라토가 칩Saratoga Chip이라는 이름으로 널리 알려졌다고 한다.

감자칩은 너무 얇아서 잘 부서진다. 감자칩이 처음 발명(?)될 때도 사정은 비슷했다. 최초의 감자칩이 포크로 찍어 먹을 수 없었듯이 얇은 감자칩은 먹다 보면 부스러기가 온통 흩어진다. 게다가 몇 조각 먹지도 않았는데 어느새 봉지는 텅 빈다. 괜히 애꿎게 같이 먹던 친구만 의심하게 만드는 감자 과자. 도대체 이렇게 큰 봉지 속에 과자가 몇 개나 든 건지, 과자 회사가 괘씸하게 느껴진다. 그래서 네티즌들이 붙인 별명이 질소 과자다. 과자보다 질소가 더 많다고 해서 붙인 별명이다.

그렇다면 과자 회사에서는 왜 질소를 가득 넣는 것일까? 과자를 제조할 때 질소를 넣는 것을 '질소 충전'이라고 부른다. 질소를 봉지 안에 가득 채운다는 의미다. 그러니 과자를 뜯으면 질소가 가득한 게 맞다.

왜 하필 질소냐고? 스낵은 산소와 오래 접촉하면 산패한다. 산패는 부패와 이름이 비슷하지만 다르다. 부패는 음식물에 미생물이 번식하면서 독소가 생겨 먹을 수 없게 된 것이고 산패는 음식물이 산소와 결합해 산화하는 반응이다. 특히 감자가 튀겨질 때 표면에 묻은 기름 성분이 산패하면 불쾌한 냄새가 나고 맛도 나빠진다. 더 중요한 문제는 영양소 파괴와 함께 심하면 식중독을 일으킨다는 데 있다. 그래서 스낵이 산패하는 것을 막으려면 과자와 산소의 접촉을 막아야 한다.

질소를 충전하는 또 다른 이유는 스낵을 씹을 때 '바삭'하는 식감을 주기 위해서다. 단지 과자가 산소와 결합하는 것을 막으려 봉지에서 산소만 빼버리면 부피가 줄어 보관하기 좋을 것이다. 하지만 스낵이 외부 충격에 그대로 노출되어 소비자에게 도착할 때쯤에는 대부분 가루가 되는 비극이 일어날 것이다. 그래서 외부 충격으로부터 스낵을 보호하기 위해 질소를 가득 채우는 것이다. 딱딱한 원통에 감자칩을 차곡차곡 채우는 방식이 아니라면 비닐봉지에 질소가 가득 들어가는 것을 막기 어렵다.

그런데 바삭하는 소리가 그렇게 중요할까? 중요하다. 음식을 먹을 때 혀에서 느끼는 감각인 맛으로 먹는다고 생각하지만 사실은 그게 전부가 아니다. 우리는 음식의 맛을 오감으로 느낀다. 음식을 먹을 때 나는 소리는 식욕을 자극하는 데 매우 중요한 기능을 한다.

TV 광고에서 모델이 과자를 먹을 때 과도할 정도로 바삭거리는 소리를 삽입하는 이유다. 궁금하다면 감자칩 봉지를 뜯은 다음 분무기로 물을 살짝 뿌리고 잠시 기다렸다가 먹어 보라. 아마 몇 개 먹지 못하고 버리게 될 거다. 뜯은 뒤 금방 물을 뿌렸으니 분명 성분의 차이는 없다. 산패가 일어날 만큼 감자칩을 공기 중에 오래 방치한 것도 아니다. 눅눅한 감자칩은 정말 맛없게 느껴진다! 바스락거리는 느낌은 그렇게 중요하다.

감자칩의 맛과 영양을 변질 없이 그대로 소비자에게 전달하는 것은 식품을 맛있게 만드는 것만큼 중요한 일이다. 아무리 맛있는 음식을 만들어도 맛과 신선함을 잘 보존해 소비자에게 전달할 수 없다면 음식은 만든 장소를 벗어날 수 없다. 즉 귀찮아도 일일이 식당을 찾아서 그 자리에서 먹어야 한다.

포장 식품의 시대를 연 나폴레옹

간단히 식사를 해결하려는 혼밥족이 많아지면서 식당이 아니라 편의점에서 밥을 먹는 경우가 많아지는 추세다. 일본에는 웬만한 식당보다 편의점에 맛있는 음식이 더 많을 정도로 간편식이 활성화되어 있다. 우리나라에서는 트렌드에 맞춰 방영된 〈혼술남녀〉2016나 〈식샤를 합시다〉2013~2018와 같은 드라마가 인기를 끌기도 했다.

사실 포장 식품이 가장 절실하게 필요한 곳은 군대였다. 나폴레옹은 전쟁을 치르기 위해 음식을 오래 보관해야 했고, 빠르게 조리해서 먹을 방법도 필요했다. 나폴레옹은 그 방법을 찾고자 1만 2천 프랑이라는 큰 상금을 내걸었고, 1804년 니콜라 아페르라는 발명가가 병조림 방식을 통해 음식을 오래 보관하는 방법을 알아냈다. 유리병에 가열한 채소와 고기를 넣고 밀봉해서 탄생한 병조림은 나폴레옹의 부대가 빠르게 이동할 수 있도록 만든 것이다. 그런데 아페르의 병조림은 큰 단점이 있었다. 유리병이라 자칫하면 깨질 수 있다는 것이었다. 물론 병조림의 편리함이 유리병의 불편함보다 컸기에 널리 활용되기는 했지만 덜컹거리는 마차에 병조림을 싣고 다니는 것은 힘들었다. 그러다 1810년 영국의 기계공 피터 듀란드가 주석 깡통에 음식물을 넣은 통조림을 발명해 오늘에 이르게 된다. 처음에는 병조림이 나폴레옹에게 승리를 안겨 줬지만 영국군이 통조림으로 기술의 진보를 이룩하면서 전쟁의 승패에도 영향을 끼쳤다. 영국군의 통조림이 프랑스군의 병조림을 누른 것이다. 이처럼 식품 포장은 전쟁에도 영향을 줬다.

통조림도 꾸준한 변화를 겪었는데, 가장 큰 변화는 용기를 따는 방법이었다. 듀란드가 통조림을 처음 발명했을 때는 통조림 따개가 없어서 칼이나 송곳으로 힘들게 뚫어 먹었다.

통조림 따는 게 뭐가 중요하냐고 생각할지 모르지만 편리성뿐 아니라 안전 문제도 있다. 오늘날에도 통조림이나 캔 음료수를 딸 때 뚜껑을 열고 나면 손잡이가 남는다. 그런데 이 손잡이 모서리는 생각보다 날카로워서 자칫 손을 베일 수 있다. 그래서 참치 캔 뚜껑을 보면 개봉할 때 조심하라는 경고 문구가 있다. 캔 뚜껑을 아무 곳에나 함부로 버리면 밟고 다치는 사고도 일어난다. 항상 모든 게 좋을 수만은 없다. 편리함에 취해 주의하지 않다가는 그만한 대가를 치르는 법이다.

인류는 식품을 포장하기 시작하면서 먼 거리를 이동하거나 고립된 장소에서 오랜 시간 버틸 수 있게 되었다. 포장 기술이 점점 더 발전하면서 이제는 우주까지 음식을 보내는 시대에 이르렀다. 영화 〈마션The Martian〉2015에서처럼 화성에 낙오되어 감자만 먹는 게 아니라면, 우주인의 체류 기간을 고려해 식량을 우주선에 싣고 가야 한다. 특히 우주정거장에서 장기적으로 임무를 수행하려면 우주식이 더 중요해진다. 원래 우주식은 미국과 소련만 제조했으나 비행사의 국적이 다양해지면서 여러 나라에서 우주식을 제공하게 되었다. 우리나라의 경우에도 2008년 이소연 박사가 우주에 갔을 때 볶은 김치, 고추장 등 우주식을 가지고 간 적이 있다. 우주식은 우주인이 정상적인 업무를 수행하기 위해 다양한 조건에 맞춰 만들어야 한다. 미래에 우주여행이 증가할 때를 대비해 이미 여러 나라에서 다양한 우주식을 개발하고 있다.

그래도,
포장은 과학이다

✖

압력

배달 음식의 대표 주자, 짜장면이나 짬뽕을 시키면
그릇에 비닐 랩을 씌운 채로 배달통에 담겨서 온다.
그런데 과거에는 그냥 플라스틱 그릇에 담긴 채
배달되었다. 그러니 쏟지 않고 신속하게 배달하는 게
배달원의 능력이었다.
오늘날에는 배달 음식의 폭이 넓어지면서 중국집
음식뿐만 아니라 떡볶이나 보쌈, 찜닭 등 다양한 배달
음식에 비닐 랩을 사용한다. 배달 중 음식이 쏟아지거나
음식에 다른 이물질이 들어가는 것을 효과적으로
방지할 수 있기 때문이다.
우리가 원하는 곳에서 편하게 음식을 먹을 수 있게
만드는 포장에는 어떤 과학이 있을까?

포장에도 제 짝이 있다

별거 아닌 것 같아 보여도 포장은 음식을 팔고 사는 데 매우 중요하다. 겨울철 길거리에서 파는 붕어빵이나 군밤, 군고구마를 어디에 넣어 파는지 생각해 보자. 가장 값싸고 부피도 적게 차지하는데다 가지고 다니기 좋은 비닐봉지에 넣어 주는 경우는 없다. 굳이 종이봉투로 싸서 준다. 상상해 보라. 비닐에 담긴 붕어빵과 종이봉투에 담긴 붕어빵. 무엇이 더 맛있게 느껴질까? 당연히 종이봉투다.

사람들은 붕어빵을 빵이라고 부르지만 그 표면은 과자처럼 바삭거리는 것을 좋아하고 습기를 먹어 흐느적거리는 붕어빵은 싫어한다. 붕어빵은 겉은 마른 상태지만 속에 있는 빵과 팥에는 습기가 있다. 따라서 시간이 지나면 서서히 습기가 밖으로 빠져나온다. 그래서 밖으로 새어나오는 습기가 붕어빵 표면을 눅눅하게 만드는 시간을 지연시키기 위해 밀봉하지 않고 종이봉투를 사용하는 것이다. 종이 자체가 어느 정도 습기를 흡수할 뿐만 아니라 외부 공기와 잘 섞이기 때문이다. 그리고 종이봉투의 부스럭거리는 소리도 중요하게 작용한다. 사람들은 비닐봉지보다 종이봉투에서 나는 소리를 더 고급스럽게 생각하는 경향이 있기 때문이다. 그래서 표면을 건조한 상태로 유지해야하는 붕어빵이나 군밤, 군고구마는 종이봉투에 담아서 판다.

음식을 포장하는 데 간단하게 사용하는 것으로 알루미늄 포일도 빼놓을 수 없다. 특히 김밥을 포장할 때 많이 사용하는 포일은 김밥을 식지 않게 해줄 뿐만 아니라 모양이 어그러지지 않게 한다. 또한 김밥 표면의 기름이 묻지 않고, 포장을 펼쳤을 때 접시 대신 간편하게 쓸 수 있다. 당연한 이야기겠지만 알루미늄 포일이 김밥 포장용으로 발명된 것은 아니다. 1910년 스위스에서 처음 발명되었는데, 맛에 영향을 주지 않으면서도 편리하게 포장할 수 있어서 널리 사용되었다. 문제는 알루미늄이 산에 약해서 김밥 속 단무지나 밥에 식초를 섞으면 알루미늄이 녹아들 수 있다는 것이다. 그래서 알루미늄은 산성 물질을 포장할 때는 사용하지 않는다. 이러한 지적 때문에 최근에는 기름방지 코팅이 된 종이로 포장하는 경우가 늘고 있다.

그렇다면 질문을 다시 던져 보자. 김밥 포장지로 쓰는 알루미늄을 섭취하면 문제가 될까? 물론 많이 섭취하면 문제다. 알루미늄을 과다 흡수하면 알츠하이머에 걸릴 가능성이 높다는 연구도 있다. 하지만 김밥 몇 줄 먹을 때 포함된 알루미늄의 양은 걱정할 필요가 없다. 납이나 수은 같은 중금속과 달리 체내에서 배출도 빠르게 이뤄지므로 김밥 먹고 문제를 일으킬 일은 없다. 사실 알루미늄은 제산제로 흔히 알려진 짜 먹는 위장약 속에 많이 들어 있다. 그렇다면 당장 속이 쓰려서 불편한데 먹지 말라는 말일까? 아니다. 근본적인 치료는 하지 않고 장기 복용할 경우에 문제가 되는 것이지, 속이 쓰리다면 지금 당장은 먹는 게 좋다.

다양한 포장의 세계

포장지가 단순히 내용물을 보호하거나 담기만 하는 것은 아니다. 포장지 겉면에는 내용물에 대한 정보가 적혀 있다. 가장 기본적인 내용물의 이름에서부터 보존 기한이나 섭취 시 주의사항에 이르기까지 소비자가 알아야 하는 정보를 올바르게 표시해야 하는 의무가 있어서다. 제조업체에서는 제품의 이미지를 좋지 않게 하는 것은 최대한 숨기려는 경향이 있어 이를 표시 규정으로 정해 지키도록 하는 것이다.

물론 아무리 표시해도 소비자가 읽지 않거나 읽어도 무슨 내용인지 모르면 소용이 없다. 그래서 음식물을 입에 넣기 전에 포장지를 잘 살피는 습관을 들이는 게 중요하다.

그런데 포장지를 잘 살피지 않는 사람도 유통기한을 꼭 확인하는 식품이 있으니, 바로 우유다. 우유는 유통이나 보관에 주의를 기울이지 않으면 쉽게 상할 수 있어 유통기한을 확인하고 마셔야 하며, 개봉 뒤에는 빠른 시간 안에 모두 마셔야 한다.

흥미로운 것은 우유는 캔이나 유리병에 담겨 판매되는 음료와 달리 종이 팩에 담아서 판매한다는 점이다. 한때는 우유도 두꺼운 유리병에 담아 판매했는데, 유통의 불편함과 비용 문제 때문에 종이 팩으로 바뀌었다. 캔에 담아 팔지 않는 것은 온도에 민감한 우유의 특성 때문이다. 금속으로 이뤄진 캔은 열전도율이 높아서 우유를 담아 두면 우유가 온도 변화에 영향을 잘 받는다. 따라서 온도가

높아서 상하거나 **단백질의 변성**이
일어나는 것을 막기 위해서 캔을
사용하지 않는다. 과거에는 유리병
에 우유를 담아서 배달하는 게 일

단백질의 변성: 물리적이거나 화학
적 원인으로 단백질이 지닌 고유한
성질이 변하는 현상. 달걀을 가열하
면 고체 상태로 변하는 현상이 그
예다.

반적이었지만 유리병은 만들고 씻고 배달하는 데 비용이 들고 사용
하기 불편했다. 이러한 문제점을 해결한 게 바로 종이 팩이다.

종이 팩도 처음부터 지금과 같은 모양으로 만들어진 것은 아니다.
우유 팩은 언뜻 보면 단순히 종이 하나로 만든 것처럼 보이지만 종
이와 플라스틱 소재 등을 이용해 여러 겹으로 구성되어 있다. 종이
로만 되어 있다면 왜 시간이 지나도 종이 팩이 젖지 않겠는가?

우유와 직접 닿는 내부에는 생수병을 만드는 데 쓰는 폴리에틸
렌PE 소재의 코팅이 되어 있다. 폴리에틸렌은 에틸렌$CH_2=CH_2$ 여러
개가 중합되어 연결된 물질이다. 폴리poly는 같은 구조가 반복적으
로 연결된 분자에 사용한다. 종이컵에 물을 담아도 컵이 젖지 않는
것도 안쪽에 폴리에틸렌이 얇게 코팅되어 있기 때문이다. 마찬가지
로 우유 팩도 폴리에틸렌 코팅 덕분에 우유가 새거나 외부의 이물
질이나 세균이 침입하지 못한다.

그러므로 우유 팩은 버릴 때 종이와 분리해야 한다. 하지만 엄연
히 우유 팩에 '분리수거' 표시가 되어 있음에도 사람들은 우유 팩을
종이로 분리해서 버린다. 사람들을 탓할 게 아니다. 이는 분리수거
를 담당하는 지자체에서 적극적으로 분리수거를 하지 않아 생기는

$$H_2C = CH_2$$

$$\downarrow$$

$$\sim\!\!\sim\!\!\sim -C-C-C-C-C-C-C-C- \sim\!\!\sim\!\!\sim$$

$$\downarrow$$

$$-[C-C]_n-$$

에틸렌이 연속적으로 결합된 물질이 폴리에틸렌이다

일이다. 코팅 용지를 별도로 분리해서 수거하면 되지만 그렇게 하는 곳은 거의 없다. 지금 분리수거장에 가서 보라. 우유 팩을 별도로 수 거하는 함이나 박스가 없다! 그래서 아까운 자원이 쓰레기로 분류 되어 폐기되는 것이다.

코팅 용기 이야기가 나왔으니 마지막으로 컵라면에 대해 알아보 자. 컵라면 용기에 표시된 재질을 확인해 보면 폴리프로필렌PP, 폴 리에틸렌, 폴리스타이렌PS으로 되어 있음을 확인할 수 있다. 뜨거운 물을 부으면 폴리에틸렌이 녹아 나와 **환경호르몬**이 검출된다고 하는데, 그건 아니다. 폴리에틸렌은 105도 이상이 되어야 녹기 때문에 아

환경호르몬: 호르몬의 활동을 방해하는 물질. 호르몬은 내분비계에서 분비되지만 환경호르몬은 인체 바깥에서 만들어져 들어오기에 '외인성 내분비계 교란 물질'이라 한다.

무리 펄펄 끓는 물을 부었다고 한들 100도 넘지 않아 녹아 나오는 일은 없다. 그래도 컵라면을 전자레인지에서 가열하면 환경호르몬이 검출된다는 논란이 있어 최근에는 친환경 용기로 바뀌고 있다. 폴리스타이렌을 사용하지 않고 종이나 옥수수 전분으로 만드는 것이다.

환경오염 문제를 생각해 친환경 포장으로 바꿔야 한다는 주장도 끊이지 않는다. 옳은 주장이다. 일회용기의 편리함을 누리면서 너무 많은 용기가 자연에 내버려지고 있다. 그렇지만 일회용기의 편리함을 포기하거나 음식을 포장하지 않고 판매하기는 어렵다. 그렇다면 해결책은 무엇일까? 자연에 버려지더라도 빠르게 분해될 수 있는 소재를 사용하는 것이다. 이미 그러한 소재가 있지만 지금까지는 플라스틱에 비해 가격이 비싸다는 이유로 외면당했다. 따라서 친환경 용기가 더 널리 활용되기 위해서는 업체와 소비자가 친환경 용기 개발과 제작에 드는 비용을 함께 부담하겠다는 공감대를 형성해야 한다. 또한 친환경 용기 개발을 위한 적극적인 투자와 연구도 해야 할 것이다.

음식 보관 방법이
만든 문화

냉장고가 없던 시절에 음식을 상하지 않게 오래 보관하는 것은 생존과 직결된 중요한 문제였다. 다양한 음식을 맛보기 위해서는 먼 거리를 이동해도 변질되지 않도록 하는 방법이 필요했다. 바닷가에서 잡은 생선을 내륙으로 가져오고, 내륙의 가축을 도축해서 멀리 떨어진 곳까지 고기를 옮길 수 있는 방법도 필요했다. 그런 방법이 없다면 바닷가에 사는 사람은 지겹도록 생선만 먹어야 하고, 내륙에 있는 사람은 채소와 육류만 먹어야 했기 때문이다. 물론 거래가 이뤄지기 전의 옛날에도 소중한 식량을 오랫동안 보관해야만 했다. 언제 사냥에 성공해 귀중한 고기를 얻을 수 있을지 알 수 없었기 때문이다.

이러한 상황에서 누군가 말라비틀어진 음식은 습기가 있을 때보다 오랜 시간 상하지 않는다는 것을 발견했다. 오징어를 말리고, 소고기를 육포로 만들면 먼 거리를 이동해도 상하지 않은 것이다. 물론 바로 먹기에는 딱딱했지만 상해서 먹을 수 없는 것보다는 좋았다. 육포는 13세기 몽고의 칭기즈칸이 대제국을 건설하는 데 중요한 기능을 했다. 몽골 기병의 장점은 뛰어난 기동성이었는데, 말린 육포는 기병이 보급부대를 대동하지 않고서도 전투를 할 수 있도록 만들었다. 소를 도축해 육포로 만들면 부피와 무게가 줄고 보관하기 편해서 병사들 식량으로 제격이었다. 건조와 비슷한 방법으로 훈제도 있었다. 연기를 쐬면서 말리면 특유의 향기와 함께 완전히 바짝 말리지 않은 상태에서도 고기의 보존 기간이 길어졌다. 훈제는 육류를 많이 섭취하는 유럽이나 중앙아시아 지역에서 자주 볼 수 있는 음식 보관과 조리 방법이다.

해안가에서는 생선에 소금을 뿌려서 절였다. 안동의 간고등어도 소금으로 적당하게 절여서 유명해진 음식이다. 젓갈도 소금을 잔뜩 뿌려서 만든 음식으로, 해안지방에서 젓갈 음식이 발달한 것도 음식을 오래 보관하려고 하는 노력에서 비롯되었다. 포르투갈의 유명한 생선 요리 바칼하우Bacalhau도 염장한 대구에서 기원한 것이다. 오래 보관할 수 있도록 염장한 대구는 대항해 시대 선원에게 중요한 식량이었다.

건조나 훈연, 절이는 방법 등은 언뜻 보기에 달라 보여도 과학적으로는 세균 번식을 억제한다는 측면에서 모두 같은 방법이다. 세균이 증식하면서 음식이 부패하는 것을 막는 방법인 셈이다. 세균도 생물이므로 번식하기 위해서는 수분이 필요하다. 하지만 건조나 훈연을 해버리면 수분이 줄어 번식이 억제된다. 소금 뿌리기도 같은 원리다. 소금을 뿌리면 세균 밖의 소금물의 농도가 진해지면서 세균 내부의 물이 밖으로 빠져나가는 삼투 현상이 일어나 세균 번식을 억제한다. 갈증 날 때 바닷물을 마시면 더 큰 갈증을 느끼는 것과 마찬가지로 세균도 소금물 속에서는 물이 부족해 죽고 만다. 잼을 절이는 것도 마찬가지 원리다. 농도가 높은 설탕물 속에 과일을 넣어 두면 물이 없어 세균이 번식하지 못한다.

3. 수요일

수수하게 먹어 볼까?

월요일과 화요일을 버렸건만 아직도 수요일이라니.
스트레스 받으니 먹고 싶은 음식만 떠오른다. '맛있으면
0칼로리'라고 믿고 싶지만 살찔까 봐 조금밖에 먹지
못하는 슬픈 수요일이다.

먹고 살기
힘든 세상

✖

영양소

세상에 먹고 사는 문제보다 중요한 게 있을까?

배부르다고 다가 아니고 맛있으면 그만도 아니다.

사람에게 꼭 필요한 건 건강한 음식이다. 영양소의

균형이 골고루 잘 맞는 그런 음식.

맛있는 음식과 건강한 음식이 같다면 얼마나 좋을까?

안타깝게도 먹고픈 음식과 건강한 음식의 사이는

너무 멀어 건널 수 없는 강처럼 느껴질 때가 많다.

오죽했으면 옛 사람들도 입에 쓴 음식이 몸에 좋다고

했을까.

입맛에 딱 맞으면서 영양 만점인 음식, 어디 없을까?

뭘 먹어야 할까?

대개 몸에 좋다는 음식에서 해롭다는 음식 순으로 나열하면 다음과 같은 순서가 된다. 물론 절대적인 수치로 나타낸 것이 아니며, 제품에 따라 순서는 앞뒤로 변할 수 있다. 어떤 식품이든 절대적으로 좋거나 나쁜 것은 없다.

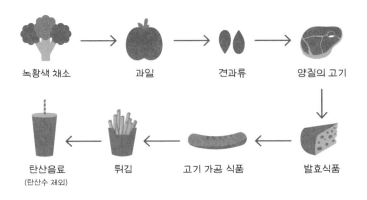

녹황색 채소 　　 과일 　　 견과류 　　 양질의 고기

탄산음료 　　 튀김 　　 고기 가공 식품 　　 발효식품
(탄산수 제외)

먹고 싶은 음식이 어디쯤 있는가? 햄버거 세트를 보자. 햄버거 패티는 고기 가공 식품이고 감자튀김은 튀김이다. 여기에 달달한 탄산음료까지 갖췄다. 햄버거 세트가 어떤 영양소로 구성되는지 따지기도 전에 순서부터 이렇게 밀렸으니 평가할 필요도 없이 이를 권장하는 부모는 없다. 아, 먹고픈 음식이 대개 이러한 평가를 받는다니 충격적일 것이다.

먹고 싶지만 먹지 말아야 할 음식을 지칭하는 용어는 많다. 불량식품, 패스트푸드, 정크푸드 등등. 더 엄격한 잣대로 유전자변형식품, 즉 GMO Genetically Modified Organism가 아닌 유기농 식재료로 만들고 화학첨가물을 전혀 넣지 않은 음식만 먹어야 한다고 여기는 사람도 많다. 그러나 이런 단순한 구분으로 모든 게 해결되지는 않는다. 어떤 식품을 불량식품인지 아닌지 구분하는 게 그리 단순하지 않을뿐더러 모든 사람에게 공통적으로 건강한 식단을 구성하기도 쉽지 않다. 무엇을 먹고 어떤 식품을 멀리해야 하는지는 각자가 관련 지식을 습득하고 조심하는 수밖에 없다.

그렇다면 먹고 싶은 음식과 먹어야 할 음식이 왜 다른지 따지기 전에 무엇을 먹어야 하는지부터 살펴보자. '우리는 우리가 먹은 것들'이라는 말이 있다. 우리가 활동을 하고 몸을 구성하기 위해 꼭 먹어야 하는 것을 3대 영양소라고 부른다. 바로 탄수화물, 단백질, 지방이다. 이 영양소들은 몸에서 소화 과정을 거쳐서 에너지를 내고, 나머지는 몸 안에 쌓인다. 영양소가 부족하면 배고픔을 느끼고, 계속 부족하게 섭취하면 살이 빠지다가 결국 심각한 상황을 부른다.죽는다는 뜻이다. 3대 영양소만큼은 아니지만 꼭 필요한 것에는 물과 비타민, 무기염류가 있다. 이 부영양소들은 에너지원으로 사용되지 않을 뿐이지, 생리작용을 하는 데 꼭 필요하다.

우리는 무엇으로 살까?

"한국인은 밥심으로 산다"라는 말이 있다. 우리의 오랜 주식이 밥, 즉 탄수화물임을 뜻한다. 빵을 주식으로 하는 서양인도 마찬가지다. 밥은 쌀, 빵은 밀이라는 것만 다를 뿐 어차피 영양소는 대부분 탄수화물이다. 한때 아일랜드인이 감자를 주식으로 했는데, 이 또한 탄수화물이 대부분인 식품이다. 어쨌건 세계 4대 식량 작물인 쌀, 밀, 옥수수, 감자의 영양소 대부분은 탄수화물이다.

어차피 그동안 밥을 먹고 잘 살아 왔으니 밥만 잘 먹으면 되는 것일까? 무엇을 먹어야 할지 2016년에 정부에서 제정한 국민 공통 식생활 지침을 살펴보자. 각 나라마다 권장하는 식생활 지침이 있으니 우리도 지침이 있는 것은 당연하다. 문제는 내용이 너무 많고 복잡해 일반인이 일일이 참고하기는 어렵다는 것이다. 그래서 짧게 줄인 보도 자료를 발표했는데, 그중 몇 가지만 살펴 보자.

국민 공통 식생활 지침이라는 표현이 거슬릴 수 있지만 건강한 식생활을 위한 조언 정도로 여기자. 사실 정부의 발표 자료는 여러 이익 단체의 눈치를 보느라 사족을 달거나 두루뭉술하게 표현할 때가 있다.

지침 1번의 맨 앞에 쌀을 놓은 것만 해도 그렇다. 쌀은 식량 주권과 관련된 문제라는 인식이 강하기 때문이다. 그래서 1993년 우루과이라운드 협상에서도 쌀 시장은 개방을 유예하는 것으로 타결되었다. 2015년부터 쌀 시장이 전면 개방되었지만 여전히 쌀을 주식

국민 공통 식생활 지침

1. 쌀·잡곡, 채소, 과일, 우유·유제품, 육류, 생선, 달걀, 콩류 등 다양한 식품을 섭취하자
2. 아침밥을 꼭 먹자
3. 과식을 피하고 활동량을 늘리자
4. 덜 짜게, 덜 달게, 덜 기름지게 먹자
5. 단 음료 대신 물을 충분히 마시자
6. 술자리를 피하자
7. 음식은 위생적으로, 필요한 만큼만 마련하자
8. 우리 식재료를 활용한 식생활을 즐기자
9. 가족과 함께 하는 식사 횟수를 늘리자

으로 여기는 전통이 남아 있어서 이 지침에서도 가장 앞에 넣었을 것이다. 마찬가지로 "우유·유제품"도 유제품이라고 하면 그만인데, 군이 우유를 별도로 넣었다. 물론 유제품은 우유를 가공한 제품을 가리키므로 이렇게 표현하는 게 정확한 것은 맞다. 다만 이 지침에서 가장 좋은 표현은 "다양한 식품을 섭취하자"다.

다음으로 중요한 것은 4번 항목인 "덜 짜게, 덜 달게, 덜 기름지게 먹자"라는 것이다. 식품의약품안전처에서 발표한 다음 그래프를 보면 청소년에게 왜 그렇게 탄산음료를 마시지 못하게 하는지 짐작할 수 있다.

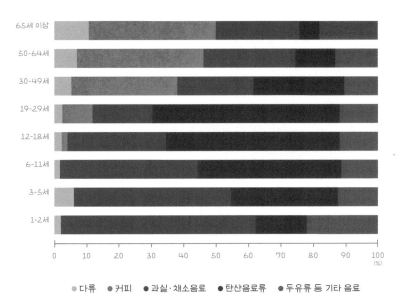

연령층별 음료류로부터의 총당류 섭취 비율 2014

| 다류 | 커피 | 과실·채소음료 | 탄산음료류 | 두유류 등 기타 음료

여기서 흥미로운 것은 어른들도 설탕에 빠져 살고 있다는 점이다. 범인은 바로 커피다! 커피믹스를 보면 분명 끝부분에 설탕의 양을 조절하라고 표시되어 있는데 대부분 그냥 한 봉지를 털어 넣는다. 당연히 커피믹스를 몇 잔 마시면 하루 동안 필요한 당을 훌쩍 넘겨 섭취하게 된다. 또한 위 그래프를 보면 대개 보호자가 음료수를 골라 주는 어린이들은 이른바 '어린이 음료'라고 부르는 주스류를 통해 당을 많이 섭취한다. 보호자들은 탄산음료만 피하면 된다고 여

기지만 이처럼 어린이 음료에도 많은 당이 들어 있다.

마지막으로 나트륨 섭취에 대해서는 '목표 섭취량 2,000밀리그램 대비 남자 2.2배, 여자 1.6배 섭취. 5명 중 4명이 목표 섭취량 이상 섭취하고 있으며, 연령과 소득 수준에 관계없이 과잉 섭취'라고 지적했다. 매년 나트륨 섭취량이 조금씩 줄었지만 아직도 짜게 먹는다는 것이다.

그래서 결국 총에너지 섭취량에서 탄수화물은 55에서 65퍼센트, 단백질은 7에서 20퍼센트, 지방은 15에서 30퍼센트 정도를 권한다. 비율이 다른 것은 나이에 따라서 섭취해야 하는 영양소가 다르기 때문인데, 편식만 하지 않으면 거의 이 범위 안에 들어간다. 너무 당연한 이야기 같겠지만 그렇게 먹기 힘든 세상이기 때문에 이런 권장사항이 나온 것이다.

건강을 망치는 다이어트

✖

열량

새해를 맞이할 때마다 시작되는 소망, 다이어트.
많은 사람이 여러 가지 방식으로 다이어트에 도전하지만
대부분 며칠 못 가 실패하는 게 다이어트이기도 하다.
게다가 다이어트에 잘못 도전하면 살을 빼기는커녕
건강을 잃는 경우도 생긴다.
그런데 인류의 역사에서 다이어트가 관심을 끌기 시작한
것은 아주 최근의 일이다. 지금도 굶주림으로 고통받고,
생존하기 위해 먹어야 하는 사람이 많다.
한편에서는 한줌 식량이 없어 배고픔에 시달리고,
또 다른 쪽에서는 건강하기 위해 살을 빼야만 하는
아이러니라니.

비만을 파는 사회

뚱뚱함이 풍요의 상징이던 때도 있었다. 지금은 그런 이야기가 역사책이나 판타지 영화에 나오는 이야기로 느껴질 만큼 날씬함이 강조되는 세상이다. 한편에서는 빅사이즈 햄버거와 피자, 한 마리를 시키면 두 마리를 준다는 치킨 집과 보통의 1.5배에 이르는 컵라면까지 나와 많이 먹기를 권하고 다른 한편에서는 살을 빼라고 강요한다. 참으로 아이러니한 세상이다. 많이 먹으라고 권하는 동시에 정상 체중인 사람도 비만으로 느껴질 정도로 날씬함을 강조하고 있으니. 그래서 많은 사람에게 가장 큰 고민 중 하나는 다이어트다.

지방은 다른 영양소보다 열량이 높아 비만의 원흉으로 인식되었다. 하지만 이게 웬일까? '저탄수화물 고지방 다이어트'가 있다고 한다. 물론 3대 영양소 가운데 하나를 집중적으로 많이 먹는 다이어트가 처음 등장한 것은 아니다. 고단백 다이어트로 알려진 '앳킨스 다이어트'에서 고탄수화물 저지방 다이어트까지 권장 범위를 벗어나 다양한 범위를 오가는 다이어트가 있다. 여러 논란이 있기는 하지만 별로 권할 만한 것은 없다. 원래 자신의 식사 습관에서 식단을 바꾸면 한두 해 정도는 체중이 감소하는 효과를 보기도 한다. 하지만 이러한 식단을 지속하기가 쉽지 않을뿐더러 유지했을 때 지속적으로 체중 감소 효과를 본다는 일관된 연구 결과도 없다. 일관된 연구 결과가 없다는 것은 과학자 사회에서 합의된 결론이 없다는 뜻이다. 오히려 잘못된 다이어트가 건강에 해롭다는 연구 결과를 찾는 것은 어렵지 않다.

탄수화물의 양의 범위가 정해져 있다는 것은 너무 많이 먹거나 너무 적게 먹으면 안 된다는 뜻이다. 단백질이나 지방도 마찬가지다. 건강한 식습관을 위해서는 이를 이해하는 게 중요하다. 일정 범위 안에서 먹으라는 것.

진짜 문제는 잘못된 다이어트 상식 때문에 꼭 필요한 지방도 다른 지방과 싸잡아 멀리하는 데 있다. '몸에 꼭 필요한 지방'이라는 단어를 처음 들어 봤는지 모르겠지만 그게 바로 필수지방산이다. 세포막은 인지질과 단백질로 구성되어 있는데, 이때 인지질이 바로 지방을 말한다. 지방은 글리세롤 1개와 지방산 3개로 이뤄져 있다. 지방산이 단일결합으로 되어 있으면 포화지방산이라고 하며, 이중결합이 포함되어 있으면 불포화지방산이라 한다. 그리고 보통 지방은 고체, 지질이나 기름은 액체 상태다.지질이 폭넓게 지방을 지칭하는 용어이

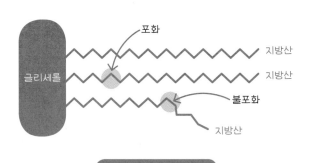

불포화지방의 구조

나 여기서는 지방을 지질까지 포함한 용어로 사용했다.

　지방이 건강과 관련해 많은 이야기가 오가는데, 지방이 해롭다
는 인식 때문이다. 하지만 조금 전에 설명했듯이 지방이라고 무조
건 해로운 것은 아니다. 단순히 구분한다면 동물성지방인 포화지
방과 트랜스지방은 해롭다. 하지만 식물성지방인 불포화지방은 몸
에 이롭다. 동물성인 포화지방은 녹는점이 높아서 상온에서 녹지
않아 덩어리가 된다. 삼겹살을 굽고 열기가 사라진 뒤 남은 돼지고
기를 보자. 굳어 있는 아이보리색의 돼지기름을 확인할 수 있을 것
이다. 바로 포화지방이다. 이와 달리 식물성인 불포화지방은 녹는
점이 낮아서 실온에서 액체 상태다. 콩기름인 식용유나 올리브유
를 보라. 찰랑찰랑하는 액체 상태다. 식용유인 불포화지방은 해롭
지 않다고 했는데, 왜 튀김은 가장 몸에 해로운 음식 중 하나로 꼽
는 것일까? 식용유를 가열해 고온에서 튀김을 만들면 트랜스지방
이 늘어나기 때문이다.

우리 몸이 원하는 것

그렇다면 트랜스지방은 또 무엇이기에 그렇게 해롭다고 난리일까?
트랜스지방은 마치 트랜스포머처럼 불포화지방이 변환된 것이다.
불포화지방에 수소를 첨가해 마치 포화지방인 양 흉내 낸 게 트랜
스지방이다. 이 트랜스지방이 포화지방만큼만 해로웠어도 그나마

다행이었을 텐데 경우에 따라서는 두 배나 해롭다고 한다. 심지어 트랜스지방 섭취량이 2퍼센트 늘자 심장병이 무려 22퍼센트나 증가했다는 연구도 있다. 이 정도면 식품에 트랜스지방이 없다고 표기하고 난리도 아닌 게 조금은 이해가 갈 것이다.

주의할 점이 있다. 과자에 '트랜스지방 0'이라고 적혀 있어도 정말로 0퍼센트는 아니다. 트랜스지방은 식품 100그램당 0.2그램 미만이면 0그램으로 표기할 수 있다는 기준이 있어서 제조업체에서는 굳이 트랜스지방을 완전히 없애려 노력하지 않는다. 이야말로 정말 큰 문제다. 트랜스지방이 없다고 안심하고 먹었는데, 그 안에 트랜스지방이 들어 있다니 말이다. '소비자의 알 권리'보다 기업의 입장에서 정부가 한발 물러섰다고 볼 수도 있을 것이다. 하지만 제조사도 할 말은 있다. 자연에도 트랜스지방이 존재하는데 트랜스지방을 완전히 없애기란 어렵기 때문이다. 식품 표기 방식에 대해서는 사회적 합의가 필요하겠지만 어쨌건 트랜스지방이 해롭다는 공감대는 생겼다.

지방에 대한 오해는 또 있다. 필수지방산처럼 꼭 먹어야 하는 지방 때문이다. 한때 광고에서 유명(?)했던 DHA도 지방산이며, 오메가-3도 마찬가지다. DHA를 많이 먹으면 머리가 좋아진다고 아이들 우유나 참치에 DHA를 첨가했다고 광고하던 시절이 있었다. 지금은 다소 시들해졌는데, 생각만큼 효과가 없기 때문이다. DHA가 몸에 필요한 것도 맞고, 뇌의 구성 물질인 것도 맞다. 그렇다면 당연히 DHA를 많이 먹어야 머리가 좋아질 것 같지만 반드시 그렇다고 말하기는 어렵다. 이는 벽돌이 없으면 집을 지을 수 없지만 벽돌이 많다고 무조건 튼튼한 집을 지을 수 없는 것과 같은 이치다. 뇌 구성 재료만 풍부하다고 똑똑해지는 것은 아니라는 말이다. 물론 성장기에 DHA가 부족하면 두뇌 발달에 문제가 생길 수 있다. 그리고 오메가 지방산이 과잉행동장애ADHD 환자처럼 학습에 문제가 있는 사람에게 효과가 있다는 연구 결과가 있는 것도 사실이다. 하지만 학습 능력에 문제가 없고 음식을 골고루 먹는 사람에게는 효과가 아주 작다. 따라서 골고루 먹는다면 부족할 가능성은 거의 없으며, DHA를 첨가한 식품을 반드시 섭취해야 하는 것도 아니다.

과자나 소시지 뒤에 붙어 있는 영양정보를 살펴보자. 나트륨과 당류, 트랜스지방과 포화지방을 별도로 표시하는 이유가 있다!

이에 더해 영양정보에는 콜레스테롤cholesterol도 표시되어 있는데, 여기에 오해가 있을 수 있다. 콜레스테롤은 세포막과 신경세포의 주요 구성 성분으로 우리 몸에 꼭 필요한 성분이다. 흔히 생각하듯 무조건 해로운 것은 아니다. 또한 콜레스테롤에는 나쁜 콜레스테롤과 좋은 콜레스테롤이 있다고 알려져 있다. 나쁜 콜레스테롤이란 저밀도 지단백질LDL, 좋은 콜레스테롤이란 고밀도 지단백질HDL을 이르는 말이다. LDL이나 HDL이나 모두 콜레스테롤이 있으며 콜레스테롤 분자에 차이가 있는 것은 아니다. 좋고 나쁨을 결정하는 것은 콜레스테롤과 결합하는 단백질 분자의 차이에 있다. LDL은 콜레스테롤과 결합한 단백질 분자 수가 작아서 밀도가 낮아 저밀도라고 부르고, HDL은 단백질 수가 많아서 고밀도라고 부른다. 물론 그 차이가 미치는 효과는 아주 다르다. LDL은 크기가 커서 혈관에 잘 쌓이고, HDL은 크기가 작아서 혈관을 막아서 동맥 경화를 일으킬 위험이 낮다. 우리 몸에 콜레스테롤이 꼭 필요하다는 사실뿐만 아니라 혈관을 막을 위험이 있는 LDL을 구분해 알리는 게 필요하다.

탄탄한 근육질 몸매의
비결

✖

영양소

남녀노소 가릴 것 없이 근육질 몸매를 가지고 싶어 하는
사람은 정말 많다. 심지어 운동을 많이 해서 팔뚝을
다른 사람의 허리둘레만큼 키우는 사람도 있다!
이렇게 운동으로 다져진 탄탄한 근육질 몸매는 보기도
좋지만 무엇보다 건강에 좋다. 신체 부위별 근육의
양이 건강에 직접적인 영향을 미치기 때문이다. 그러니
건강한 몸매가 탐난다면 부러워만 하지 말고 이참에
도전해 보자.
그런데 어떤 운동을 얼마나 해야 하고 식이요법은 또
어떻게 해야할까? 근육이 좋아하는 식품이 따로 있을까?
으, 생각만 했는데 벌써 허기가 지고 다리에 쥐가 나는
느낌이다.

근육을 만들고 싶다면?

아이돌 스타처럼 가볍고 마른 몸매를 선호하는 사람도 있지만 운동선수처럼 탄탄한 근육질 몸매를 지니고 싶어 하는 사람도 많다. 근육질은 대부분 단백질로 되어 있어서 보디빌더들은 단백질 보충제까지 먹어가며 근육을 만든다.

물론 단백질이 근육을 구성하는 데 많이 필요한 것은 맞지만, 근육에만 필요한 것은 아니다. 머리카락에서 발톱에 이르기까지 우리 몸을 구성하는 데 쓰이지 않는 곳이 없을 정도로 중요한 게 단백질이다.

'아미노산 음료'라는 이름으로 판매되고 있는 것도 단백질과 관련 있다. 우리 몸의 단백질은 스무 가지 아미노산으로 구성되어 있다.

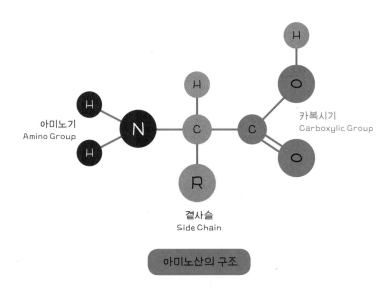

아미노기
Amino Group

카복시기
Carboxylic Group

곁사슬
Side Chain

아미노산의 구조

아미노산은 탄소에 아미노기-NH₂와 카복시기-COOH가 결합한 물질을 말한다. 아미노기가 붙어 있으니 아미노산이다. 탄소에는 다른 원자 4개가 결합할 수 있는데, 2개는 이미 결합했고 하나는 수소다. 그리고 마지막으로 남은 자리에 무엇이 결합하는지에 따라 아미노산의 종류가 결정된다. '아미노산 음료'는 단백질을 구성하는 데 필요한 아미노산을 공급하는 음료라는 것이다.

아미노산은 필수 아미노산 아홉 가지와 비필수 아미노산 열한 가지로 구분할 수 있다. <u>필수 아미노산</u>은 우리 몸에서 합성되지 않거나 합성되는 양이 적어서 음식으로 꼭 섭취해야 한다. 필수 아미노산이 <u>비필수 아미노산</u>보다 중요하다는 의미로 붙인 이름은 아니다. 어쨌건 아미노산 스무 가지가 인체에 필요한 수만 가지의 단백질을 만들어 내야 할 뿐이다. 몇 가지 안 되는 레고 블록으로 온갖 종류의 모양을 모두 만들어 내는 것과 마찬가지다.

> 필수 아미노산: 발린, 류신, 이소류신, 리신, 메티오닌, 페닐알라닌, 트레오닌, 트립토판, 히스티딘
>
> 비필수 아미노산: 글루탐산, 글루타민, 글라이신, 알라닌, 아르기닌, 아스파라긴, 아스파르트산, 시스테인, 프롤린, 세린, 티로신

우선 피부를 탄력 있게 만들어 준다는 화장품 광고에 흔히 등장하는 콜라겐collagen을 살펴보자. 최근에는 마시거나 먹는 콜라겐까지 등장했다. 원래 콜라겐은 세포와 세포를 연결하는 접착제 기능을 한다. 당연히 피부뿐 아니라 머리카락이나 뼈와 장기 등 어디에서나 흔히 볼 수 있다. 콜라겐은 동물의 가죽이나 힘줄에도 있는데

이것을 끓인 뒤 얻은 게 젤라틴이며 아교라는 접착제로 사용하기도 한다.

젤라틴이라는 말에서 뭔가 떠오르는 게 없는가? 우리가 맛있게 먹는 젤리가 콜라겐으로 만든 것이다. 콜라겐은 글라이신과 프롤린 등의 아미노산으로 구성된 단백질이다. 그렇다면 굳이 콜라겐을 충분히 합성하기 위해 글리신과 프롤린이 함유된 음식을 골라서 먹어야 할까? 탄수화물과 지방은 식품별로 구분해 섭취하도록 권하지만 단백질은 단지 단백질이 풍부한 음식을 먹으라고 한다. 이는 단백질을 섭취하면 소화기관에서 아미노산으로 분해해 몸에서 필요한 단백질로 합성해 활용하기 때문이다. 그래서 굳이 필수 아미노산을 섭취하려고 신경 쓸 필요가 없다. 물론 편식하지 않는 식단이라면 말이다.

빵 속 글루텐이 단백질?

아미노산 음료나 콜라겐 식품에 대한 이야기는 꺼내 놓고, 먹어야 하는지 아닌지에 대한 이야기를 하지 않았다. 어떤 답이 나올 수 있을까? 책을 끝까지 읽으면 알겠지만, 나는 음식이 아니라 별도의 형태로 가공한 건강 보조제나 식품을 별로 추천하지 않는다. 의사나 전문 컨설턴트의 권유로 먹어야 할 필요가 있는 사람은 예외다. 약과 달리 굳이 먹어야 할 필요는 없다고 생각한다. 물론 먹어서 효과를 본 사람은 분명 있을 것이다. 하지만 꼭 그 제품을 먹어서 생긴 효과인지 **플라세보 효과**인지 분명하지 않다. 더 중요한 점은 누군가에게 효과가 있다고 내게도 효과가 있다는 보장은 없다는 것이다.

> 플라세보 효과: 약효가 없는 가짜 약을 먹었지만 자신이 진짜 약을 먹고 있다고 믿은 환자에게 효과가 나타나는 현상. 위약 효과라고도 한다.

이번에는 먹어야 하는 것 말고, 먹지 말아야 하는 것에 대한 이야기를 해보자. 최근 빵이나 면제품을 팔 때 글루텐 프리gluten free라고 표시하는 곳이 많다. 말 그대로 식품에 글루텐이 없다는 뜻. 글루텐은 빵이나 면을 만들 때 반죽을 쫄깃하게 해주는 성분으로 밀 속에 포함된 단백질이다. 밀과 같은 곡물에는 탄수화물이 많다고 말했지만 밀도 세포로 되어 있으니 당연히 단백질도 있다. 그 단백질 중 하나가 탄성이 있는 글루텐이다. 글루텐은 글리아딘과 글루테닌이 물과 결합했을 때 만들어진다. 그래서 밀가루를 반죽할수록 찰진 반죽이 되어 쫀득한 면발을 얻을 수 있다. 그런데 어쩌다 다이어트와 건강식으로 글루텐 프리가 유행한 것일까?

서양에서는 글루텐에 대한 문제 제기가 타당성이 있다. 서양인 중에서 1퍼센트가량이 글루텐이 포함된 음식을 먹으면 제대로 소화를 못 시키고 복통과 설사에 시달리기 때문이다. 그런데 이는 서양인의 문제다. 국내에서는 글루텐에 이상 반응을 일으키는 사람이 거의 없다. 과장해서 이야기하면 글루텐이 문제를 일으킨다고 두려워하는 생각이 더 큰 문제를 일으킨다고 할 정도로 글루텐 자체는 문제없다. 그러니 소화에 지장 없는 사람은 굳이 더 비싼 글루텐 프리 제품을 선택할 이유가 없다.

"카제인나트륨이 든 프림이 좋은가, 우유가 든 프림이 좋은가?"라는 커피믹스 광고를 기억하는가? 광고에서 제조업체가 하고 싶은 말은, 자사의 커피믹스는 카제인나트륨 같은 화학합성물질이 아닌 우유를 사용했다는 것. 광고대로라면 참 착한 회사 같은 느낌이지만 실상은 그게 아니다. 카제인나트륨이 몸에 해롭지 않기 때문이다. 카제인나트륨은 우유에서 추출한 단백질인 카제인에 나트륨을 첨가한 것이다. 우유에서 추출한 카제인을 그대로 사용했더라면 문제가 없었을 텐데 왜 나트륨을 첨가했을까? 카제인이 물에 잘 녹지 않기 때문이다. 그래서 물에 잘 녹게 만들기 위해 나트륨을 첨가해 만든 카제인나트륨을 커피믹스에 넣은 것이다. 커피믹스 시장에 새롭게 진입하면서 업계 1위 업체와 경쟁하기 위해 만든 광고라지만 실상이 알려지면서 비난을 많이 받았다. 해당 업체가 20년 전에 카제인나트륨이 몸에 좋다고 광고하던 업체였기 때문이다.

정말 맛있는
라면

✖

나트륨

"꼬불꼬불 꼬불꼬불 맛 좋은 라면
라면이 있기에 세상 살맛나."

〈아기공룡 둘리〉에서 마이콜이 부른 명곡 '라면과
구공탄'이라는 노래다. 라면만큼 야식이나 간편식으로
오랜 세월 인기를 끄는 음식도 없을 것이다. 라면은
우리나라를 넘어 전 세계 어디에서도 만날 수 있을 만큼
인기가 높다. 게다가 라면만큼 저렴하지만 맛있게
한 끼를 때울 수 있는 요리도 없다. 떡라면, 만두라면,
치즈라면, 해물라면 등 종류도 다양하다.
이토록 매력적인 라면에는 어떤 과학이 있을까?
일단 한 그릇 호로록 먹고 시작하자.

라면이 있기에 세상 살맛나

매일매일 먹고 싶은 라면이지만, 문제가 있다. 풍부한 영양소가 들어 있지 않다는 것은 어쩔 수 없더라도 항상 제기되는 문제는 나트륨 함량이다. 너무 짜다는 말. 그래서 라면을 먹어도 국물은 모두 마시지 말라는 이야기가 나온다. 나트륨 섭취 일일 권장량은 2,000밀리그램인데, 한 봉지에 보통 1,600에서 1,800밀리그램이 들어 있다. 권장량을 초과해 2,300밀리그램을 웃도는 나트륨이 들어 있는 라면도 있다. 이런 라면은 하나만 먹어도 하루 권장량을 넘어선다.

우리나라의 음식 문화는 국물이 많고 김치나 장아찌처럼 짭짤한 밑반찬이 많기 때문에 라면 외에도 다양한 경로로 나트륨을 섭취한다. 그러니 국물은 최대한 섭취를 자제하는 편이 좋다. 그래서 최근에는 라면 봉지 뒷면에 영양 성분 표와 함께 국물 먹는 양에 따라 섭취하게 되는 나트륨 양을 표시하기도 한다. 라면을 끓일 때 가루수프를 적게 넣는 방법도 있다.

여담이지만 일본 라면은 우리 라면보다 훨씬 짜다. 일본 라면을 구해서 먹을 일이 있다면 절대로 수프를 다 넣지 마라. 싱겁게 먹는 사람이라면 라면을 먹지 못할지도 모른다. 어쨌건 라면을 위해 변명을 해두자면, 많이 먹어서 문제를 일으키는 게 라면만은 아니다. 어떤 음식이라도 짜게 먹는 것은 절대 좋지 않다. 식사를 할 때 편식하지 말라고 하는 이유는 영양소 부족 또는 과다라는 두 가지 문제를 모두 해결하기 위한 가장 현명한 방법이기 때문이다.

맛있는 라면을 위한 황금 레시피

각종 야채와 버섯을 넣어 전골처럼 끓인 라면, 고기를 곁들여 푸짐하게 끓인 라면, 우유를 넣어 부드럽게 만든 라면 등등. 요리 채널이나 인터넷, 요리책에는 휘황찬란한 라면 끓이기 비법이 공개되어 있다. 물론 자신의 경험을 바탕으로 한두 가지 라면 끓이는 방법을 보유한 사람도 많다. 물론 라면이면 다 좋은 사람도 있겠지만!

라면을 끓이는 갖가지 방법 중에 무엇이 최고의 비법인지 가늠할 수는 없다. 사람마다 입맛이 다르니까. 하지만 평균적으로 가장 많은 사람이 인정하는 맛있는 라면 끓이는 방법은 있다. 바로 라면 봉지에 설명된 방법대로 끓이면 된다. 제조사에서 가장 효율적이고 맛있는 라면 조리법을 뒤쪽에 공개해 둔 것이다. 이제 라면 끓이기를 과학적으로 분석해 보자.

라면을 조리하는 데 꼭 필요한 것은 끓는 물이다. 컵라면이든 봉지면이든 공장에서 튀긴 딱딱한 면을 부드럽게 만들려면 끓는 물이 필요하다. 물론 끓는 물이 아니라도 면은 붇지만 면발의 탱탱함을 느낄 수 없다. 즉 온도가 낮은 물을 사용하면 면의 겉은 붇고 속은 그대로 굳은 상태가 되어 면이 맛이 없다. 끓는 물에 면을 넣으면 면의 속까지 빠른 시간에 수분이 흡수되어 면이 탄성을 유지할 수 있다. 이때 더 쫄깃한 식감을 원한다면 라면이 삶는 동안 수시로 면을 건졌다 넣으면 좋다.

논란이 되었던 것은 끓는 물에 가루수프를 먼저 넣어야 하는지

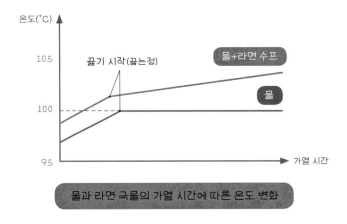

물과 라면 국물의 가열 시간에 따른 온도 변화

라면을 먼저 넣어야 하는지에 대한 것이었다. 이를 두고 일부 언론에서는 '라면을 맛있게 끓이는 과학적인 결론'이라며 엉터리 기사를 써댔다. 어느 기사를 보고 베꼈는지 비슷비슷한 기사가 넘쳐났고, 약간의 과학 지식이 있는 사람이라면 이것을 진실인 듯 받아들였다. 내용인즉 가루수프를 먼저 넣으면 물의 끓는점이 105도로 올라 면이 더 빨리 익어서 라면이 맛있다는 것이다. 이 정체불명의 과학적 결론을 누가 내렸는지 모르지만, 틀렸다.

일단 가루수프를 넣고 끓인다고 물의 끓는점이 105도까지 올라가지 않는다. 이는 수프의 양이 적어 물의 농도가 진하지 않아서다. 수프를 넣고 물을 끓인다면 이론상 끓는점이 0.4도 올라가야 한다.이를 끓는점 오름이라고 한다. 실제로 라면의 끓는점을 측정해 보면 어떻게 될까? 라면을 끓이는 실험 조건에 따라 다양한 값이 나온다. 그

렁더라도 5도나 오르는 경우는 보기 어렵다. 따라서 수프를 먼저 넣어서 **끓는점 오름** 현상 때문에 면발이 탱글탱글 좋아졌다는 것은 납득하기 힘들다.

> 끓는점 오름: 용액의 끓는점이 용매의 끓는점보다 높아지는 현상. 물(용매)에 설탕(용질)을 넣어 소금물(용액)을 만들면, 소금물은 100도보다 높은 온도에서 끓는다. 이때 끓는점은 용액의 농도가 높아지면 증가한다.

더 재미난 것은 끓는 물에 가루 수프를 투입하면 물이 더 격렬하게 끓는 것을 보고 수프를 넣어서 온도가 올라갔다고 해석하는 것이다. 끓는 물에 수프를 넣으면 분명 세차게 끓어오른다. 이것은 수프의 알갱이 때문에 물이 갑자기 끓는 돌비 현상이다. 수프의 알갱이가 물속에서 생긴 기포가 형성되는 핵의 기능을 하기 때문이다. 수프의 알갱이가 있으면 물속에서 액체가 수증기로 바뀌어 기포가 잘 형성되어 더 잘 끓는 것이다.

✖
맛있는
실험

> 콜라를 열심히 흔들고 병뚜껑을 따 보자. 거품이 화산 폭발하듯 솟구쳐 나올 것이다. 또 다른 콜라를 흔들고 병을 숟가락으로 두어 번 톡톡 두들긴 뒤 따 보자. '칙' 하는 소리만 낼 뿐 흘러넘치지는 않을 것이다. 병 내부로 압력이 전달되어 기체가 다시 용해되어 생기는 현상이 아니다. 콜라를 흔들 때 내부로 들어갔던 작은 공기방울들이 기포를 형성하는 핵의 기능을 하지 못하고 밖으로 빠져나온 것이다.

세계지도를 바꾼
향신료

향신료는 음식의 향기로운 맛을 좋게 하는 물질을 말한다. 우리는 향신료를 '양념'의 의미로 쓰지만 고대 서양에서는 허브처럼 약품이나 종교적 의미까지 포함해서 중요한 물질로 취급했다. 성경에는 아기 예수의 탄생을 경배하기 위해 찾아온 동방 박사의 선물에 대한 이야기가 나온다. 그들이 바친 예물은 황금과 몰약, 유향인데 이는 몰약과 유향이 얼마나 소중하고 성스러운 물질인지 보여 준다.

이와 같이 향료나 향신료는 단순히 향기 나는 물질 이상의 의미가 있었다. 사람의 영혼이 숨을 통해 들어가고 빠져나가니까 향기는 그 사람의 영혼에 영향을 주는 물질일 것이라고 여겼다.

종교적 의미 외에 실용적인 측면에서도 향신료는 중요했다. 빵과 고기를 주식으로 했던 서양에서 고기의 보관은 중요한 문제였다. 딱딱한 빵은 잘 썩지 않았지만 고기는 육포를 만들지 않으면 썩거나 냄새나기 일쑤였다. 역겨운 냄새 때문에 요리해 먹기 어려울 정도에 이르더라도 소중한 고기를 함부로 버릴 수 없었기에 그 냄새를 가릴 수 있는 향신료가 중요했다. 이집트를 정복한 로마는 이집트의 영향으로 향신료 사용이 늘었고, 정복지의 길로 동방으로부터 후추나 계피와 같은 향신료를 수입했다.

하지만 이슬람 세력이 강성해지면서 향신료의 수입이 어려워지자 뱃길을 개척하게 된다. 15세기에서 17세기 초에 이르는 대항해 시대는 이렇게 시작된 것이다.

1492년 이탈리아의 탐험가 콜럼버스는 후추를 얻기 위해 인도를 찾아가는 항해를 떠났다. 그리고 아메리카 대륙을 발견했다. 1497년에는 포르투갈의 바스코 다 가마도 아프리카 남단의 희망봉을 돌아 인도로 가는 뱃길을 개척했다. 1519년에는 퍼디낸드 마젤란이 아메리카 남단을 돌아 동남아시아로 향하는 뱃길을 찾기 위해 세계 일주를 했다. 그들의 뱃길은 달랐지만 목적은 한결같았다. 바로 향신료를 찾는 것이었다.

대항해 시대는 향신료를 찾기 위해 유럽인들이 위험을 무릅쓰고 대양 항해를 하던 시절이었다. 범선을 타고 유럽에서 아메리카로 가기 위해 뱃길을 개척하다가 북위 30도 부근에서 부는 무역풍의 존재도 알게 되었다. 바람 이름에 무역풍이라는 이름이 붙은 것도 유럽과 신대륙 사이의 무역을 위해 이용했던 바람이었기 때문이다. 새로운 뱃길을 열기 위해 모험을 떠났던 유럽인은 정향丁香, clove과 육두구肉荳蔲, nutmeg를 유럽에 공급하기 위해 혈안이 되었고, 이슬람 세력 때문에 유럽에 갇혀 있던 유럽인은 새로운 뱃길을 통해 세계로 뻗어 가는 중요한 계기를 마련했다.

4. 목요일

목을 시원하게 해줄 아이스크림

아이스크림이 없으면 참 속상할 것 같은 목요일. 입 안에서
사르르 녹는 시원하고 부드러운 느낌은 스트레스를 확
날려 준다. 가끔 입을 괴롭힐 때도 있지만 널 놓치지 않을
거야, 아이스크림.

냉장을
부탁해

✖

드라이아이스

냉장고만큼 현대 생활을 크게 바꿨지만 그 공로(?)를
인정받지 못하는 제품이 또 있을까?
무엇을 넣었는지도 잊어버리고 살 만큼 냉장고를
창고처럼 마구잡이로 쓰는 오늘날에 냉장고가
얼마나 편리하고 소중한지 깨닫는 것은 쉽지 않다.
하지만 냉장고가 없다면 현대의 도시 문화는 지금과
같은 모습이 될 수 없었을 것이다.
당장이라도 정전이 난다고 상상해 보자. 그대로 시간이
쭉 흐른다면 냉장고 안에 넣어 둔 온갖 식품은
물론이고 소중한 야식을 잃을지 모른다. 파국이다!

냉장고를 부탁할까?

현대 도시인의 삶을 한번 살펴보자. 맞벌이하는 부부는 휴일이나 퇴근 뒤 자동차를 타고 마트에 가서 장을 본다. 이 시간밖에 장을 볼 시간이 없기 때문이다. 걸어서 갈 수 있는 동네 시장이 사라진 지는 오래다. 편의점이나 슈퍼에서는 마트에 갈 시간이 없을 때 조금씩 물건을 살 뿐 대부분의 물건은 마트에서 산다. 마트에서는 대개 며칠 또는 1주일 이상 먹을 양식을 장만한다. 그래야 시간을 절약할 수 있다고 여기게 만드는 마트의 상술 때문이다. 여러 가지 상품을 묶음으로 구매하도록 '마트는 카트를 끌고 다녀야 할 만큼 많은 물건을 사는 곳'이란 인식을 심어 준 것이다. 오늘 저녁 찬거리를 사러 오는 게 아니라 일주일 동안 무엇을 해 먹을지 고민해서 장을 보니 시간이 지나면 으레 먹다 남은 음식이나 식재료가 생기기 마련이고 이를 보관할 큰 냉장고가 필요해진다.

걸어갈 수 있는 거리에 시장이 있던 시절에는 커다란 냉장고 따위 필요 없었다고 생각할 수도 있지만 냉장고가 생겼기에 시장이 사라지고 마트가 등장했다고 보는 게 타당하다.

현대 생활에서 냉장고가 무턱대고 커지는 데는 현대인의 달라진 생활 패턴과 함께 대형 냉장고를 권하는 소비 지향적인 문화도 한몫했다. 제조사에서는 신형 냉장고를 갈수록 크게 만들고, 소비자들은 이에 호응해 점점 더 큰 냉장고를 구매하는 경향을 보인다. 이제는 누구나 김치 냉장고도 따로 갖추고 싶어 하며, 심지어 대형 냉장고를 2개 이상 두고도 김치 냉장고와 와인 냉장고까지 사는 사람도 많다. 이쯤 되면 냉장고가 원래 의료용으로 발명되었다는 사실이 놀랍게 다가올지 모르겠다. 지금도 냉장고의 주용도 중의 하나는 백신 보관과 같은 의료용이다.

어쨌건 오늘날 냉장고를 이용한 냉장 산업 없이는 아이스크림뿐만 아니라 신선한 과일이나 생선도 도시에서는 구할 수 없다. 물론 과거에도 여름에 빙수를 먹었다는 기록이 있지만 이는 왕족이나 귀족이 연회에서 드물게 누렸을 뿐 백성들은 꿈도 꾸지 못했다.

이렇게 소중한 냉장고에 음식을 차게 보관하는 원리는 무엇일까? 흥미롭게도 냉장고의 원리는 전기가 공급되지 않는 두메에서 사용하는 '항아리 냉장고'와 비슷하다. 물질이 상태변화를 할 때 열의 출입을 이용하는 것이다. 항아리 냉장고는 물이 증발할 때 주변의 열을 흡수하는 기화열을 이용한다. 기계식 냉장고 또한 증발기에서 <u>냉매</u>가 기화할 때 열을 흡수하는 원리를 이용하는데 항아리 냉장고보다 냉장고 안에서 더 많은 열을 빼앗아 방출할 뿐이다. 그래서 냉장고 주변이 따뜻하게 느껴지는 것이다. 하지만 기계식 냉장고에는 비용이 든다. 냉장고 안이 차가워지려면 그만큼의 전기에너지로 냉장고 안의 열을 밖으로 옮기는

냉매: 냉동장치에서 저온의 물체가 가진 열을 고온인 외부로 이동시키는 데 사용되는 물질. 암모니아와 프레온(염화플루오린화탄소, CFC) 가스가 대표적이다. 암모니아가 위험해 프레온 가스로 대체되었지만 프레온이 오존층을 파괴한다는 게 알려지면서 사용이 금지되었다. 대기와 인체에 해가 없으면서 효율이 높은 냉매를 계속 연구 중이다.

일을 해줘야 하니까. 열은 에너지이니 사라지거나 생겨나지 않고 단지 이동할 뿐이다.

아이스맨의 등장

영화 〈배트맨과 로빈Batman&Robin〉1997에서 아이스맨아널드 슈워제네거 분은 자신의 부인을 살려 내겠다고 커다란 다이아몬드를 훔친 뒤 세상을 얼리기 시작한다. 아이스맨에 비하면 영화 〈슈퍼배드Despicable Me〉2010에서 자칭 세계 최고의 악당인 그루가 가진 냉동광선 총은 귀엽다. 카페에서 줄 서기 귀찮다고 사람들을 얼리는 그루의 행동은 그저 장난스럽게 느껴진다. 하지만 이는 만화 속 이야기일 뿐, 실제로 사람을 무턱대고 얼리면 다시 살릴 수 없다. 이렇게 단단히 얼면 심장이 멎어 죽는 게 당연하다. 그렇다면 신체의 일부가 얼면 어떻게 될까?

험준한 산을 오르는 등산가가 산에서 동상에 걸려 발가락을 잃었다는 이야기를 들어 본 적 있을 것이다. 동상에 걸려 피부 세포가 죽는 것은 혈관으로부터 영양분과 산소를 공급받지 못했기 때문이다. 동상에 걸리더라도 냉동실의 고기처럼 꽝꽝 얼어서 손가락이나 발가락을 못 쓰게 되는 게 아니라는 것이다. 영화 〈설국열차〉2013에서는 신체 일부가 얼음처럼 완전히 얼어서 부서지는 장면이 나오지만 살아 있는 사람의 몸은 그리 쉽게 얼지 않는다. 온도가 낮아도 살아 있는 경우에는 계속 **세포호흡**으로 열을 만들어 내므로 꽁꽁 얼지 않는 것이다. 사실 저체온증이나 냉동인간 등 냉동과 관련한 이야기가 많이 있지만 이 책은 음식에 관한 책이니 이 정도에서 마무리하자.

> 세포호흡: 세포가 영양소와 산소를 결합시켜 에너지를 얻는 과정. 또한 폐에서 산소와 이산화탄소를 교환하는 과정을 외호흡, 모세혈관과 조직세포 사이의 호흡을 내호흡이라고 한다. 내호흡을 통해 산소를 공급받은 세포는 세포호흡을 통해 살아가는 데 필요한 에너지를 얻는다.

이제 냉동실의 고기 이야기로 넘어가 보자. 대체로 냉동고기보다 생고기가 비싸다. 냉동시키느라 비용도 많이 드는데 왜 냉동고기가 더 쌀까? 미국이나 호주처럼 고기가 저렴한 곳에서 멀리 다른 나라로 고기를 수출하기 위해서는 냉동해야 하기 때문이다. 냉동해 이동하더라도 고기 가격이 더 저렴하기에 냉동고기를 수출한다.

다만 냉동한 고기를 해동하면 고기의 육질이 변한다. 왜 그럴까? 냉동하면 고기 세포 내의 물이 얼면서 팽창한다. 팽창한 상태에서 다시 해동하면 세포막이 손상되어 고기의 탄력성이 떨어진다.

이와 달리 두부는 냉동실에서 얼렸다가 녹이면 쫄깃해지고 단백질 비율이 높아진다. 단백질이 많아진다고 표현하기도 하는데 얼었다가 녹으면서 물만 빠져나가 상대적으로 단백질의 비율이 높아진 것이므로 많아졌다는 표현은 틀렸다. 어쨌건 두부는 냉동과 해동을 거치면서 수분함량이 낮아져 고단백 식품이 된다.

0도가 되면 물이 어니까 냉동실의 온도도 그 정도면 될 것 같지만 대부분 그보다 훨씬 낮은 온도로 사용한다. 0도는 순수한 물이 어는 온도며, 식품 속에 포함된 물은 그보다 낮은 온도에서 언다. 그리고 냉동실 안에 넣어 둔 식품이 너무 천천히 얼면 변질되거나 얼음 결정이 많이 생겨 식감이나 신선도도 떨어진다. 그래서 냉장고 문을 닫으면 팬이 순환하면서 빠르게 온도를 낮춘다. 이런 급속 냉동은 일반 가정용 냉장고로는 어려워서 식품 업체에서는 급속 냉동고를 사용한다. 급속 냉동고는 온도를 빠르게 떨어뜨려 얼음 결정이 생기는 것을 억제한다. 급속 냉동한 식품은 해동하면 원래 상태에 가깝게 돌아오는 장점이 있지만 냉동시키는 데 그만큼 에너지가 소모되기 때문에 비용이 든다는 단점이 있다. 세상에 공짜는 없는 법이다.

위험한
용가리 과자

✖

액체 질소

한때는 거리에서 흔히 볼 수 있었으나 지금은 볼 수
없는 유명한 과자가 있다. 바로 먹고 숨을 내뱉으면
김이 나오는 용가리 과자.

용가리는 영화에 등장하는 불을 뿜는 괴수의 이름으로,
이 과자를 먹으면 김을 내뿜을 수 있어 이렇게 불렀다.
용가리 과자는 질소 과자라고도 하는데, 질소 충전 포장
때문에 불렀던 질소 과자와는 다르다.

용가리 과자는 과자를 만들 때 질소를 사용하기
때문이다. 물론 질소를 원료로 하는 것은 아니며 액체
질소를 이용해 과자를 만든다. 액체 질소로 과자를
순간적으로 얼리는 게 질소 과자의 비결. 다만 액체
질소를 사용하다 보니 위험하다는 게 함정이다.

용가리 흉내 내기

질소 과자를 만드는 방법은 간단하다. 과자를 액체 질소에 담근 뒤 빼면 된다. 어떤 과자든 상관없지만 대개 밀도가 낮은 과자, 즉 구멍이 많은 성긴 과자를 사용한다. 밀도가 높은 과자를 쓰면 지나치게 단단히 얼거나 그 속에 질소가 남아 위험할 수 있기 때문이다. 성긴 과자라도 과자 사이에 액체 질소가 남아 있지 않은지 확인하고 먹어야 한다. 질소 자체는 인체에 아무런 해를 끼치지 않지만 액체 상태의 질소는 다르다. 액체 질소가 조금이라도 남아 있으면 소화기관에 손상을 줄 수 있다.

액체 질소는 −196도의 질소다. 기체 상태인 질소를 냉각하면 끓는점 이하의 온도에서는 액체 상태로 변한다. 반대로 액체 질소의 온도가 올라가 끓는점보다 높아지면 기체 상태의 질소가 된다. 용가리 과자를 먹었을 때 내뿜는 김 속에는 액체 질소가 든 게 아니다. 이미 기체 상태로 변한 질소가 수증기를 응결시켜 김으로 보이는 것이다. 즉 수증기는 질소보다 끓는점이 훨씬 높아서 질소가 기체 상태로 변했더라도 수증기는 아직 끓는점에 도달하지 않았으므로 액체 상태가 될 수 있다. 공기의 온도가 이슬점에 도달해 물방울이 맺힌 것으로 봐야 한다.

다시 용가리 과자로 돌아가서 과자를 씹을 때 입 안을 살펴보자. 용가리 과자를 씹을 때 입 안에는 따스하고 습한 공기가 가득 차 있다. 하지만 액체 질소로 냉각된 용가리 과자는 온도가 낮아서 공기의 온도는 낮다. 이때 용가리 과자를 입으로 씹으면 과자 속의 찬 공기가 빠져나와 입 안의 따뜻한 공기와 만나게 된다. 겨울철에 숨을 쉬면 김이 생기는 것과 같은 원리다. 따라서 더 많은 김을 내뿜고 싶다면 액체 질소에서 방금 꺼낸 차가운 과자로 하면 된다.

문제는 액체 질소가 피부에 직접 닿으면 매우 위험하다는 것이다. 2017년 천안의 한 리조트에서 용가리 과자를 먹은 초등학생의 위에 5센티미터가량의 구멍이 생겨 응급 수술을 한 사건이 발생했다. 이 사건으로 용가리 과자는 사라졌다. 아쉬움이 남는 사람도 있겠지만 그래도 안전이 최고다.

이제 간단한 질문 하나만 하고 질소 이야기를 마무리하자. 액체 질소로 용가리 과자를 만드는 장면을 보면, 과자를 넣으면 액체 질소가 마치 '끓는' 것 같다. 액체 질소의 온도가 −196도에 이르는데 그것을 '끓는다'고 표현하는 게 맞을까? 용가리 과자가 담긴 액체 질소가 끓는 것일까? 맞다. 끓는다. 액체 질소는 끓고 있다! 액체 질소에게 실온은 너무나 뜨거운 온도라서 끓는다. '뜨겁다'라는 것은 상대적인 표현이다. 물에게는 실온이 그리 높은 온도가 아니라서 액체 상태로 존재하지만 질소에게는 매우 뜨거운 상태라서 끓는 것이다. 물론 질소나 물은 감각이 없으니 뜨겁다는 것은 우리 느낌일 뿐이지만.

드라이하게 얼려 드립니다

뜨거운 여름날 오후, 서른한 가지 다양한 맛이 있다는 아이스크림 가게에 들러 몇 가지 아이스크림을 고르고 포장을 주문한다. 더운 날에 아이스크림을 녹이지 않고 집까지 무사히 가져오기 위해 필요한 것은 드라이아이스. 아이스크림 가게에서는 얼마 뒤에 먹을지 묻고 적당량의 드라이아이스를 아이스크림과 함께 포장해서 준다.

아이스크림 가게에서는 드라이아이스를 사용하지만 한우를 파는 곳에서는 얼음주머니를 넣어서 포장해 준다. 한우는 온도가 너무 낮을 경우 접촉한 부분의 고기가 얼어서 생고기가 냉동고기가 될 수 있다. 그러면 품질이 떨어지므로 얼음주머니보다 온도가 낮은 드라이아이스를 사용하지 않는다.

또한 아이스크림 보관에 얼음을 사용하면 얼음이 녹아 물이 새어 나올 우려가 있다. 하지만 드라이아이스는 고체 상태에서 녹아도 바로 기체로 승화하니까 액체가 남지 않는다. 이제 왜 '드라이아이스'라고 하는지 짐작 가는가? 다만 여기서 녹는다는 표현은 과학적으로 틀린 표현이다. 고체 물질이 녹는 것은 융해, 고체가 기체 상태로 변하는 것은 승화라 한다.

그런데 왜 드라이아이스는 융해하지 않고 승화하는 것일까? 그건 드라이아이스의 <u>삼중점</u>이 −57도에서 5.1기압이기 때문이다. 즉 압력이 5.1기압 이상이어야 액체 상태

삼중점: 물질의 세 가지 상태(고체, 액체, 기체)가 공존하는 온도와 압력 조건. 물의 삼중점은 0.01도에서 0.006기압이다.

가 된다. 그래프를 보면 대기압표준기압으로 1기압을 의미한다.일 때는 고체에서 그대로 기체로 상태변화를 한다. 만일 기압을 높이면 어떻게 될까? 그때는 고체에서 액체 상태를 거쳐 기체로 상태변화를 한다. 이처럼 물질이 상태변화를 하는 것은 압력과 온도에 따라 다르다.

드라이아이스의 이러한 성질은 아이스크림 포장에 안성맞춤이다. 물이 생겨 아이스크림에 섞이거나 새어 나올 염려도 없고, 시간이 지날수록 가벼워지니 부담이 없다. 무엇보다 드라이아이스는 기체로 승화할 때 주변의 열을 흡수하므로 아이스크림의 온도는 올라가지 않는다. 그래서 집으로 가져가는 동안에도 아이스크림은 무사하다.

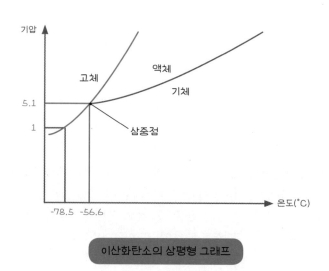

이산화탄소의 상평형 그래프

드라이아이스의 이러한 성질은 음식 보관뿐 아니라 금속 장비의 때를 제거하는 데도 쓸모 있다. 금속은 물로 세척하면 남아 있는 물 때문에 부식될 우려가 있다. 하지만 드라이아이스의 작은 알갱이를 고압으로 분사할 경우 승화해 없어지므로 세정 뒤 따로 닦을 필요 없이 깨끗하게 때를 제거할 수 있다.

✖
맛있는
실험

아이스크림을 살 때 드라이아이스를 넉넉히 포장해서 가지고 오자. 드라이아이스를 꺼내 컵에 담고 다른 컵을 꺼내 촛불을 켜자. 촛불 옆에 드라이아이스 컵을 기울인 채로 잠시 기다리면 촛불이 꺼진다. 드라이아이스의 이산화탄소가 촛불의 불꽃이 산소를 공급받지 못하게 해서다. 이런 원리를 이용한 게 이산화탄소 소화기다.

부드러운
아이스크림의 비밀

✖

계면활성제

초콜릿의 부드러움은 초콜릿의 녹는점이 체온과
비슷하기 때문이라고 이야기했다. 아이스크림의
부드러움은 초콜릿과는 다르다. 녹는점이 체온보다
훨씬 낮아서다. 녹는점이 낮으니 초콜릿과 달리
냉장고에서 꺼내 놓으면 상온에서 서서히 녹기 시작한다.
녹아내리는 아이스크림을 바라만 볼 수 있다면 실험도
가능할 것이다.
그렇다고 아이스크림이 빙수나 빙과류와 같지는 않다.
아무리 빙질이 부드러운 얼음을 사용했다고 하더라도
아이스크림의 부드러움은 빙수와 비교할 수 없다.
아이스크림이 주는 부드러움의 비밀은 어디에 있을까?

부드러움에도 차이가 있다

아이스크림에 담긴 부드러움의 비밀은 얼음과 공기, 유지방 그리고 유화제에 달렸다. 아이스크림이 빙수와 달리 사각거리지 않는 것은 얼음 결정이 아주 작기 때문이다. **결정 성장**이 일어나지 않도록 유지방과 함께 공기를 풍부하게 함유하고 있어 부드럽다.

> 결정 성장: 결정의 핵이 되는 물질에 입자가 계속 결합해 결정이 커지는 현상. 결정성 물질은 모두 결정핵에 원자나 분자가 결합해 결정 성장 과정을 거쳐 만들어진다. 인조보석이나 반도체 웨이퍼 생산, 도금 등에 활용된다.

부드러울수록 더 많은 공기가 함유되어 있으니 결국 소프트아이스크림은 공기를 비싸게 주고 사먹는 셈이다. 원재료는 적고 공기가 풍부하게 들어 있으니 말이다. 아이스크림을 무게로 달지 않고 부피로 재서 파니까 이런 일이 생긴다. 물론 솜사탕이 밀도는 더 낮다고 주장한다면 할 말은 없지만 아이스크림에 공기가 풍부한 것은 사실이다.

부드러운 아이스크림을 만들기 위해서는 얼음 결정이 최대한 커지지 못하게 해서 유지방이 잘 섞이도록 해야 한다. 그런데 그게 쉽지 않다. 아이스크림의 재료인 얼음과 유지방은 물과 기름이라 서로 섞이지 않기 때문이다. 그런데 물에 기름을 떨어뜨린 뒤 열심히 흔들면 뿌옇게 되면서 물에 기름이 흩어진 상태가 된다. 이렇게 액체에 다른 액체나 고체가 분산된 상태를 에멀전emulsion 또는 유화라고 한다. 우유나 마요네즈, 버터나 마가린이 대표적인 에멀전 식품이다. 이때 우유와 마요네즈는 물에 기름이 섞인 것oil-in-water, O/W이며, 버터와 마가린은 기름에 물이 섞인 형태water-in-oil, W/O이다.

물과 기름을 흔들어 섞은 에멀전은 시간이 지나면 다시 두 층으로 분리된다. 하지만 우유는 시간이 지나도 물과 유지방이 분리되지 않는다. 왜 그런 차이가 생길까? 바로 우유 속의 단백질인 카제인이 에멀전 상태를 유지하도록 지방을 둘러싸고 있어 나타나는 현상이다. 카제인처럼 유화 상태를 유지해 주는 물질을 유화제라고 한다.

이러한 유화제의 역할을 하는 물질이 샴푸나 세제에도 들어 있다. 이 물질을 계면활성제라고 한다. 유화제와 계면활성제는 사실 같은 말이다. 그런데 세제나 화장품에 들어가는 계면활성제의 유해성을 제기하면서 꺼리는 현상이 있다 보니 식품에서 같은 취급을 받기도 한다. 물론 세제에 사용되는 계면활성제와 식품의 유화제는 전혀 다른 종류의 물질이다. 역할만 같을 뿐이다. 유화제는 사용에 별도의 제한이 없을 정도로 독성이 낮고 발암물질로 분류되지도 않았다. 단지 비만을 부르거나 소화기에 문제를 일으킬 수 있다는 의심을 받기는 한다.

대표적인 물질이 카라기난carrageenan이다. 한때 어느 방송에서 하얀 카라기난 가루를 보여 주면서 구두약의 제조에도 사용되는 원료라고 자극적인 내용을 내보낸 적이 있다. 장 염증성 질환을 지닌 환자는 카라기난을 피하는 게 좋다는 연구도 있다. 하지만 카라기난은 공장에서 합성된 물질이 아니라 해초인 홍조류에서 추출된 천연물질이다. 모든 사람에게 완벽하게 안전하다고 할 수는 없겠지만 미국 식품의약국FDA과 식약처에서 허가한 물질을 구두약 원료라는 자극적인 정보를 이용해 두렵게 만들 필요는 없다고 본다.

과연 저지방을 선택해야 할까?

아이스크림의 부드러운 느낌처럼 음식이 주는 질감을 텍스처texture라 하는데, 아이스크림의 품질을 따질 때 텍스처는 중요한 요소다. 먹다 남은 아이스크림을 냉동실에 보관했다 다시 먹어 보면 사각거리는 느낌과 함께 텍스처가 떨어진다. 이는 먹는 동안 녹았던 아이스크림이 다시 얼면서 얼음 결정이 생겼기 때문이다.

아이스크림의 원조로 고대 로마에서 눈에 꿀을 뿌려 먹었던 것을 거론하기도 한다. 하지만 로마의 아이스크림은 빙수에 가깝고 현대의 아이스크림과는 다르다. 오늘날 아이스크림으로 불리기 위해서는 까다로운 조건을 만족해야 하기 때문이다. 우리나라에서 아이스크림으로 분류되려면 16퍼센트 이상의 유고형분, 6퍼센트 이상의 유지방분을 함유해야 한다. 맛을 내기 위해 다양한 착향료나 설탕도 넣지만 기본적으로 유고형분과 유지방분이 들어 있어야 아이스크림으로 분류된다. 이렇다 보니 비만을 일으킨다는 지적을 받기도 한다.

이제 지방과 비만에 대한 이야기를 해보자. 다른 영양소에 비해

지방이 열량이 높으므로 비만을 피하려면 저지방 식품을 선택하는 것은 상식(?)이다. 하지만 저지방에 대한 집착이 오히려 비만을 부추긴다는 주장도 있다. 원래 식품에는 지방이 들어 있어야 맛이 있고 포만감도 오래 지속된다. 그런데 지방이 열량이 높다 보니 사람들이 지방이 든 식품을 기피하기 시작했다. 기업에서는 지방을 빼거나 낮춘 식품을 만들었는데, 지방을 빼면 맛이 없으니 설탕을 쏟아 넣기 시작했다. 그러다 설탕마저 해롭다는 인식이 번지자 합성감미료가 그 자리를 차지했다. 지방에 대한 지나친 거부가 설탕 사용 증가를 부르고, 설탕에 길들여진 사람들을 비만으로 내몬 셈이다.

팝시클과
냉동식품

✖

상태변화

1905년 미국 샌프란시스코의 겨울 추위는 매서웠다.
열한 살 소년 프랭크 에퍼슨은 먹다 남은 소다수에 나무
막대를 꽂아 둔 채로 컵을 창가에 두고 잠들었다.
다음 날 아침, 소다수는 나무 막대에 붙은 채로 꽁꽁
얼었고 호기심 많은 프랭크는 그것을 입에 가져갔다.
우아! 시원한 소다수 아이스바가 탄생하는 순간이었다.
프랭크는 1923년에 아이스바를 엡시클Epsicle이라는
이름으로 등록했다. 이는 뒷날 팝시클Popsicle이라는
이름으로 바뀌어 널리 알려진다.
팝시클은 우리나라에서는 아이스께끼로 시작해
요즘에는 하드 또는 아이스바라는 이름으로 널리
사랑받고 있다.

아이스크림을 먹는 안전한 방법

아이스바는 딱딱해서 먹을 때 주의해야 한다. 천천히 녹여 먹지 않고 급하게 깨물다가는 자칫 낭패를 볼 수 있다. 특히 이가 약한 아이들은 이가 부러지는 사고가 일어날 수 있으니 조심해야 한다.

꽁꽁 언 아이스바를 곧장 먹으려다 혀나 입술이 들러붙는 일도 자주 벌어진다. 아이스바에 피부가 붙는 이유는 <u>복빙 현상</u> 때문이다. 젖은 피부가 얼음에 접촉하면 표면에 있는 얼음이 살짝 녹았다가 내

> 복빙 현상: 얼음이 순간적으로 녹았다가 다시 어는 현상. 스케이트 날에 의해 표면의 얼음이 순간적으로 녹았다가 열의 이동으로 인해 다시 어는 것이 복빙 현상이다.

부의 얼음으로 열이 이동하면서 물이 다시 언다. 이때 물과 접촉해 있던 피부 표면이 물과 함께 순간적으로 얼면서 피부가 얼음에 붙는 것이다. 이때 빨리 떼려다가 피부가 찢어지거나 뜯기는 사고가 생긴다. 시간이 조금 지나면 녹아서 떨어지니까 급하게 당기지 않는 게 좋다.

더운 여름철에 무엇이든 얼려 먹을 수 있다는 것은 참으로 즐거운 일이다. 특히 냉장고에 넣어 둔 요구르트를 꺼내 조금씩 녹여 먹으면 맛이 일품이다. 그래서 아예 얼려 먹는 요구르트까지 출시될 정도다. 이처럼 요구르트는 얼려도 아무런 문제가 없지만 콜라를 얼려 먹겠다고 냉동실에 넣어 두면 어떻게 될까? 캔을 넣으면 모양이 심하게 변형되고, 유리병에 든 채로 콜라를 넣으면 아마도 냉동실 안은 엉망이 될 것이다. 병이 깨져서 조각날 테니. 이는 액체 상

태의 물이 고체가 되면 부피가 10퍼센트 정도 커지므로 생기는 일이다. 캔이나 페트병은 어느 정도 모양이 변하면서 부서지는 것을 막을 수 있지만 유리병은 모양이 거의 변하지 않으므로 압력이 커지면 콜라가 폭발해 부서진다.

운 좋게도 콜라 캔이 터지지 않았다고 좋아하지 말자. 냉동실에서 콜라를 꺼내 살짝 녹인 뒤 뚜껑을 따면 갑자기 솟아 나오는 일도 생긴다. 부피가 늘어나면서 캔 내부의 압력이 높아진 탓이다. 굳이 콜라를 얼려 먹고 싶다면 플라스틱 용기에 넣고 용기 입구가 개방된 상태에서 얼리면 된다. 그래도 너무 가득 넣지 않는 편이 좋다. 흘러넘쳐 용기와 냉장고를 지저분하게 만들 테니까.

냉동식품과 유통

흥미롭게도 아이스크림이나 빙과류에는 제조일은 표기되어 있지만 유통기한은 없다. 냉동 상태에서 유통하므로 변질 가능성이 없다는 이유 때문이다. 옳은 이야기다. 냉동 상태에서는 미생물이 번식할 수 없으므로 몇 년이 지나도 상하지 않는다. 단 여기에는 단서가 붙는다. −18도 이하로 보관했을 때 그렇다는 것이다. 식품은 유통 과정 중 언제든 냉동 상태를 벗어날 수 있기에 아무리 냉동제품이라도 제조일을 확인하고 최근 제품을 구입하는 게 좋다.

식품공전에는 원료와 제품의 특성을 고려해 그 품질이 가장 오래 유지될 수 있는 방법을 제시하고 있다. 별도의 고시를 통해 지정한 식품을 제외하면 냉장식품은 0에서 10도, 냉동식품은 −18도 이하로 보관해야 한다. 또한 차고 어두운 곳에 보관하라고 하는데, 이는 0에서 15도 사이의 빛이 차단된 장소를 말한다. 식품위생법을 어기고 제대로 보관하지 않으면 식품은 변질될 수 있다. 냉동식품은 멸균이나 살균식품이 아니다. 해동되면 언제든 미생물이 번식할 수 있다. 게다가 미생물이나 미생물의 포자는 동결 상태에서도 오랜 시간 생존한다.

　냉동식품이 나온 것은 식품을 오랫동안 보관해 유통하도록 하기 위함이다. 물론 멸균과 살균을 거쳐 밀봉해 유통하면 굳이 얼리지 않아도 오랜 시간 동안 변질되지 않는다. 그렇다면 살균과 멸균의 차이는 무엇일까? 식품공전에는 "살균이라 함은 따로 규정이 없는 한 세균, 효모, 곰팡이 등 미생물의 영양 세포를 불활성화시켜 감소시키는 것"이고 "멸균이라 함은 따로 규정이 없는 한 미생물의 영양 세포 및 포자를 사멸시키는 것"이라고 나와 있다. 간단하게 이야기하면 멸균은 미생물과 미생물의 포자를 모조리 죽이는 것이며, 살균은 선택적으로 유해한 미생물만 죽이는 것이다. 따라서 밀봉 상태만 좋다면 멸균 제품의 유통기한이 훨씬 더 길다. 그래서 네모난 종이팩에 든 멸균 우유는 오랫동안 여행하며 가지고 다녀도 상하지 않는다.

먹방이 대세다!

배우 하정우는 영화 〈황해〉2010에서 인상적인 먹는 장면으로 먹방의 원조가 되었다. 하정우는 이외에도 다양한 역을 맡아 관객을 사로잡는 먹는 연기를 선보였다. 이후 먹방은 꾸준히 증가하면서 세분화되고 다양해졌다. 유튜브에서 단지 잘 먹는 장면만 열심히 내보다가 유명세를 타고 많은 수익을 올리는 유튜버가 있는가 하면, 할머니 먹방 유튜버도 있다.

이밖에도 각 방송사마다 먹을거리 관련 방송을 많이 만들고 있다. 요리사가 출연해 직접 요리하는 방송에서부터 먹을거리에 관한 정보 프로그램까지 국경을 넘나들며 온갖 먹방이 펼쳐지고 있다.

옛날이나 지금이나 먹는 행위 자체가 달라진 것은 아니다. 흥미로운 점은 요리 관련 직업이 계속 늘어나고 있다는 것이다. 경제적 수준이 높아지면서 살기 위해 먹는 게 아니라 삶을 질을 나아지게 하고자 '더 잘 먹기'를 원하기 때문이다. 그래서 요리와 관련된 직업의 세계는 무척 다양해졌다. 물론 사회가 분업화되면서 직업의 수가 증가했으니 요리 관련 직업만 다양해진 것은 아니다. 그러나 빠르게 직업이 생겨나고 소멸되는 요즘에도 요리 관련 직업의 수는 늘어나고 있다는 것은 먹는 것에 대한 사람들의 관심이 크다는 것을 보여 준다. 그만큼 사람들은 더 맛있고 건강하게 먹으며 살길 바란다.

'살기 위해 먹는 것이 아니라 먹기 위해 산다'는 사람이 있을 정도로 먹는 것은 중요한 문제이니 이러한 관심이 이상할 것은 없다. 우린 흔히 살기 위해 먹는 것이지 먹기 위해 사는 게 아니라고 여긴다. 그래야 더 이성적인 인간에 가깝다고 여기기 때문이리라. 하지만 누군가 왜 사느냐고 묻는다면 어떤 답변을 내놓을 수 있을까? 나의 인생 목표가 먹기 위해 사는 사람의 인생관보다 더 훌륭하다고 말할 수 있을까? 김상용의 시 〈남으로 창을 내겠소〉의 마지막 구절은 '왜 사냐건 웃지요'로 끝난다. 그만큼 왜 사는지에 대한 답변은 어렵고 다들 자기 나름의 인생관이 있으니 무엇이 더 좋다고 말할 수 없다.

몇 해 전에는 '먹방 규제'를 둘러싸고 논란이 일었다. 비만을 조장하는 먹방을 규제해야 한다는 주장이 정부에서 흘러나오자 야당과 네티즌의 반발이 거셌다. 선택의 문제인 먹방을 규제한다는 생각은 국가주의적인 발상이라는 이유에서다. 반발이 거세지자 여당은 서둘러 진화에 나서고, 문제는 일단은 수면 아래로 내려갔다. 하지만 최근 국민건강보험공단과 한국건강학회 조사에서 또다시 먹방에 대한 문제가 제기되었다. 조사에 따르면 80퍼센트가 넘는 국민이 먹방이 비만을 부르거나 식욕을 일으킨다고 대답했고 절반 정도는 먹방을 규제해야 한다고 여겼다. 이는 먹방이 푸드 포르노food porno라는 원색적인 비난을 받을 만큼 유혹적이기 때문이다. 아무리 음식이 넘쳐나도 결국 사람들의 관심은 먹는 데서 떠나기 어렵다.

5. 금요일

금지된 세상을 열다

불량식품은 맛있다. 불량식품이 맛없다면 누가 사 먹을까?
안 사 먹는 사람이 더 대단하다. 그런데 불량식품은 정말
불량할까? 먹지 말라고 하니까 더 먹고 싶은 금요일이다.

길거리 음식의
치명적인 유혹

✖

식중독

불량식품이나 정크푸드가 무엇인지는 누구나 안다.
불량한 위생 상태에서 좋지 못한 원료로 만들어졌다고
해서 붙여진 이름, 불량식품.
아무리 그래도 눈앞에 펼쳐진 불량식품을 뿌리치기는
힘들다. 너무 맛있으니까. 특히 학교나 학원 앞에서 파는
매콤달콤한 떡볶이나 따끈한 꼬치 어묵, 포슬포슬한
핫도그, 고소한 호떡, 바삭한 튀김, 쫄깃한 순대 등을
무시하고 지나가기란 쉽지 않다. 학원 차를 기다리는
동안 잠깐이나마 친구들과 떡볶이를 먹으며 웃다 보면
하루의 피로가 그냥 싹 풀리는 느낌마저 든다.
나는 나에게 금지된 것을 원한다!

뜨거운 개를 먹다?

고속도로 휴게소에 가면 볼 수 있는 맛있는 핫도그hot dog. 이름 때문에 농담으로 '뜨거운 개'라고도 부르지만 우리는 진짜로 뜨거운 개를 의미한다고 여기지는 않는다. 하지만 서양에서 처음으로 핫도그를 만들어 먹었을 때 닥스훈트라는 개를 생각하고 이름 붙였다는 이야기가 있다. 이름을 누가 처음으로 만들었는지 정확한 기록이 없으니 알 수는 없지만 핫도그에 들어가는 소시지 모양이 닥스훈트를 떠올리게 하는 것은 분명하니 그럴지도 모르겠다. 우리나라에서는 소시지에 막대를 끼워 튀김옷을 입힌 뒤 튀겨낸 음식을 핫도그라 부른다. 서양인은 길쭉한 햄버거 모양을 핫도그라 부르며, 우리가 핫도그라 부르는 것은 콘도그corn dog라고 한다. 어쨌건 소시지 때문에 '개'라는 이름이 들어가는 것 같다.

핫도그와 비슷한 음식으로 취급하는 햄버거hamburger도 어떻게 이름 붙여진 것인지 명확하지 않다. 일단 이름만 보면 독일의 도시 함부르크Hamburg와 관련이 있으리라고 추측할 수 있다. 함부르크에서 처음 만들어졌다고 이름 붙여졌을 수도 있고, 함부르크에서 온 사람이 만들었기에 그리 부르는 것일지도 모른다.

사실 핫도그라 부르건 햄버거라 부르건 배고픈 우리에게는 중요하지 않다. 맛있으니까! 학교에서 학원으로 가는 동안 먹을 수 있는 간편하고 맛있는 햄버거나 핫도그를 마다할 이유가 없다. 문제는 이 맛있는 핫도그나 햄버거에 대한 평가가 좋지 못하다는 것. 특히 햄버거는 패스트푸드의 대명사로 불리며 비난받아 마땅한 음식으로 거론되곤 한다.

영화 〈슈퍼 사이즈 미Super Size Me〉2004를 보자. 감독인 모건 스펄록은 자신의 몸을 실험 대상으로 삼아 다큐멘터리를 찍었다. 스펄록은 매일같이 '슈퍼 사이즈 빅맥'으로 대변되는 맥도날드 햄버거를 주식으로 감자칩이나 콜라 등 이른바 정크푸드로 구성된 식단을 90일간 유지하면서 신체 변화를 카메라에 담았다. 미국 패스트푸드의 폐단을 지적해 널리 알리고자 한 감독의 의도대로 영화는 전 세계적으로 많은 주목을 받았다.

스펄록은 한 달 만에 몸무게가 11킬로그램이나 늘고 콜레스테롤 수치와 혈압이 높아지는 등 문제가 생겼고, 원래의 건강 상태로 되돌리는 데 1년이 넘게 걸렸다고 밝혔으니 충격일 수밖에 없었다. 분명 이 영화는 정크푸드에 대한 경각심을 불러 일으켰다고 긍정적으로 평가할 수 있다. 그러나 그의 실험은 과학적인 방법이라고 볼 수 없다는 문제가 있기도 하다.

이 영화의 감독은 햄버거 세트를 먹고 건강에 심각한 문제가 생겼으나, 이른바 '맥도날드 다이어트'라고 부르는 식단으로 꾸준히 음식을 먹어서 살이 빠지고 콜레스테롤 수치가 낮아지는 등 오히려 이전보다 더 건강해진 사람도 있다. 모두 똑같은 맥도날드의 음식만 먹었는데 이러한 차이가 생긴 이유는 무엇일까? 가장 커다란 차이는 '무엇을 얼마나 먹었나?' 하는 것이다. 스펄록은 하루에 무려 5,000킬로칼로리나 되는 음식을 먹었다. 일부에서는 이 수치를 과장이라고 본다. 빅맥으로 세끼를 모두 먹어도 이 정도가 되지 않는다며 스펄록에게 식단을 밝히라고 요구했지만 응하지 않은 것으로 봐서 과장일 가

칼로리(cal): 열역학이나 공업에서 사용하는 에너지의 단위. 1칼로리는 '물 1그램을 1도 올리는 데 필요한 열량'으로 정의한다. 1칼로리의 크기가 작아 영양학에서는 1,000칼로리, 즉 1킬로칼로리(kcal)를 1칼로리(Cal)로 사용한다.

능성이 크다. 이와 달리 살을 뺐다는 사람들은 모두 2,000킬로칼로리가 넘지 않는 적은 양만 먹었다. 적당량의 패스트푸드만 먹으면 몸에 아무런 이상이 없거나 오히려 더 건강해졌다는 글을 어렵지 않게 찾을 수 있다. 스펄록처럼 많이 먹는다면 엄마표 집밥으로 실험해도 몸에 이상이 생길 수밖에는 없다는 이야기다.

그렇다고 햄버거를 권한다고 오해하지는 말자. 이 사례는 90일이라는 비교적 단기간의 실험 결과일 뿐이다. 장기간 먹었을 때 어떤 결과가 나올지는 알 수 없다. 요점은 스펄록의 주장만으로 맥도날드의 음식을 정크푸드로 몰기에는 과학적 근거가 부족하다는 것일 뿐 햄버거가 좋은 음식이라는 뜻은 결코 아니다.

그러나 가공육은 멀리하라

그렇다면 핫도그는 어떨까? 핫도그도 자주 먹으라고 추천할 만한 음식은 아니다. 핫도그를 추천하지 않는 이유는 일단 튀긴 음식이라는 점과 소시지라는 가공육을 사용한다는 데 있다. 좋은 육질의

고기를 공장에서 잘 가공해 판매한다면 문제없을 것 같은데, 왜 가공육이 몸에 해롭다고 하는 것일까?

가공육의 재료인 육류부터 따져 보자. 소고기와 돼지고기 같은 붉은 육류는 몸에 좋지 않다고 한다. 포화지방이 많은 탓도 있지만 결정적으로 세계보건기구WHO에서 발암 위험물질로 분류했기 때문이다. 암으로 인한 사망자가 많은 상황에서 붉은 고기가 발암물질이라는 이야기는 치명적으로 느껴진다. 게다가 갖가지 연구 중에서 붉은 육류를 많이 섭취한 사람이 대장암에 걸릴 위험이 높다는 이야기가 순식간에 퍼져나가 이제 상식처럼 되었다. 하지만 붉은 고기는 두려울 만큼 암의 가능성을 높이지는 않는다. 그보다는 포화지방 때문에 생기는 심혈관계 질환 문제가 더 크다.

그러니 야외로 놀러가거나 숯불구이를 파는 식당에서 식사할 때 고기를 피할 이유는 없다. 그럼 불에 탄 고기를 먹어도 좋을까? 좋을 리가. 다만 검게 탄 고기가 아니라면 두려워하지 않아도 된다. 물론 고기를 불에 직접 구우면 맛은 좋지만 고온 조리에 따른 발암물질이 생성된다는 것은 감수해야 한다. 발암물질이 생성되는데 왜 먹으라고 하냐고? 숯불구이가 좋은데 발암물질이라고 해서 두려워하지 말라는 뜻이지 몸에 좋다고 하진 않았다. 이건 말장난이 아니다. 세상에 완벽한 음식 따윈 없다. 그런 것을 찾다가 먹는 즐거움을 잃지 말라는 뜻이다.

붉은 고기를 불에 구울 때 생기는 발암물질도 걱정하지 말라면서 가공육은 멀리하라고 하면 이상하게 들리겠지만, 가공육은 될 수 있으면 멀리해야 한다. 가공육은 고기를 고온 가공할 때 생기는 발암물질에 추가로 나이트로사민nitrosamine이라고 하는 첨가물이 들어가기 때문이다. 그래서 붉은 고기는 2급, 가공육은 1급 발암물질로 규정한다. 붉은 고기에 대한 연구와 달리 가공육에 대한 연구 결과는 몸에 해롭다는 일치된 결과를 보인다. 그럼 학교에서 나오는 소시지나 햄 반찬을 절대로 먹지 말라고? 그렇게까지 할 필요는 없으나 양을 조금씩 줄여 나가는 게 좋다. 우린 육식 위주의 식단도 아니며 소시지나 햄도 그렇게 흔하거나 많이 먹는 반찬이 아니다.물론 집에서 햄이나 소시지를 자주 먹는다면 문제다. 매일같이 가공육을 식단으로 편성하는 학교도 없다. 그러니 며칠에 한 번씩 나오는 소시지 반찬 앞에서 하나라도 더 먹고 싶어 떼쓰는 마음을 모른 체 하고 싶지 않다는 것이다. 한창 먹을 때인 청소년에게 소시지는 정말 인기 있는 먹을거리다. 소시지를 먹는 즐거움을 포기하고 그렇게 조심해서 얻을 수 있는 이익이 얼마나 크다고? 누군가 그 즐거움을 강제로 빼앗는다면 그것에 더 크게 실망하지 않을까?

금반지도 녹인다는
탄산음료?

✖

산성

악마의 식품처럼 취급받는 콜라.

콜라가 처음 만들어졌을 때는 약국에서 팔리던

만병통치약이었다고 하면 소설처럼 들릴 판이다.

콜라가 처음 발명되었을 때는 분명 약국에서 팔렸다.

2차 대전 당시에는 미군을 위한 보급품으로도

유명했다. 전쟁을 하는 데 콜라가 많은 도움을 줬다는

것이다. 역으로 콜라도 전쟁 덕을 톡톡히 본 상품 중의

하나였다. 미군이 진격하는 곳곳마다 콜라를 애용하는

모습을 보이면서 자연스레 콜라 홍보 대사(?) 역을

하고 다녔으니 말이다. 하지만 어찌 콜라 한 잔이 주는

상쾌함이 군인에게만 필요할까.

느낌은 좋지만 살찌는 게 두려울 뿐이다. 흑.

지탄받아 마땅한 식품?

탄산음료에 든 설탕은 사람들이 콜라를 멀리하는 가장 큰 이유다. 이처럼 콜라가 비만의 주범으로 몰리자 다이어트 콜라라는 이름을 달고 열량을 낮춰 나오기도 했지만 여전히 건강과는 거리가 멀어 보인다. 단맛은 그대로 느껴지는데 어떻게 열량을 낮췄다는 것일까? 비결은 인공감미료에 있다.

인공감미료는 설탕을 대신해 단맛을 느끼게 하는 물질을 말한다. 당을 첨가하는 것은 비만을 일으킬 가능성이 큰 데 비해 인공감미료는 아무래도 더 안전한 느낌을 주면서 널리 사용되고 있다. 대표적으로 아스파르탐aspartame은 설탕보다 무려 200배나 단맛이 강해 소량만 넣어도 단맛을 느낄 수 있도록 만들어 준다. 이외에 사카린saccharin과 소르비톨sorbitol도 인공감미료다. 사카린 소주 논란이 있긴 했지만 인공감미료 자체는 거의 문제가 없다. 즉 안전한 물질이다. 그러나 과거에 사카린의 악명이 워낙 높았던 터라 FDA에서 아무리 안전한 물질이라고 주장해도 이미지를 개선하기는 어렵다.

상황이 이렇다 보니 인터넷에서 건강 관련 이야기를 읽을 바에야 연예계 가십을 읽는 게 좋을 정도다. 연예계 소식은 잡담이지만 그래도 건강을 해치지는 않기 때문이다. 실제로 인터넷에 떠도는 이야기는 거의 근거 없는 괴담에 가깝다. 그러니 인터넷에 올라오는 건강과 다이어트에 얽힌 이야기는 일단 의심부터 하면 된다.

어쨌건 논란이 되었던 사카린은 안전하다고 밝혀졌음에도 음료에는 거의 사용되지 않는다. 음료 제조사에서 다른 인공감미료가 있는데도 굳이 누명을 쓴 재료를 써서 위험을 부를 이유가 없어서다. 아스파르탐도 사카린과 같은 논란이 일었지만 그나마 덜 치명적이었기에 아직 사용한다. 아스파르탐도 설탕처럼 열량이 높지만 단맛이 강해 덜 사용해도 되니 안성맞춤이었던 셈이다. 열에는 약하지만 청량감도 있어 콜라나 다이어트 음료에 많이 사용된다. 문제는 아스파르탐이 정상인이 보통 수준으로 먹으면 안전한 물질로 밝혀졌지만 **페닐케톤뇨증** 환자에게는 치명적이라는 데 있다. 환자에게 위험할 수 있으니 위험한 물질 아니냐고? 페닐케톤뇨증 환자가 아니면서 그것까지 걱정하는 것은 각자의 몫이다.

> 페닐케톤뇨증(phenylketonuria): 필수 아미노산 중 하나인 페닐알라닌 phenylalanine을 분해하는 효소가 결핍되어 체내에 페닐알라닌이 쌓이는 유전 질환이다. 페닐알라닌이 뇌에 쌓이면 뇌의 발달을 막아 지능이 떨어진다. 생후 1개월 안으로 치료를 시작하고 식이요법을 지속해야 한다.

그리고 2018년 미국 위스콘신의과대학 생체의학공학과 브라이언 호프먼 교수의 연구 결과에 따르면 인공감미료를 사용해도 비만과 당뇨를 부를 수 있다고 한다. 비만 때문에 설탕 대신 인공감미료를 사용한 식품을 선택했는데 완전 배신당한 기분일지도 모른다. 그렇게 생각할 필요 없다. 무엇이든 적당한 게 좋다고 생각하면 그게 정답이니까.

고마 해라 마이 묵었다 아이가

콜라를 향한 걱정과 비난이 어제오늘의 일은 아니다. 고열량 음식으로 지적받았을 뿐만 아니라 발암물질로 홍역을 치렀다. 발암물질 논란은 1969년에 감미료인 시클라메이트cyclamate 때문에 일어났다. 시클라메이트는 1937년에 개발된 감미료로 설탕보다 40배 이상 단맛이 강해 콜라에 사용되었다가 발암성 논란이 일면서 미국과 우리나라에서는 사용을 전면 중단했다. 하지만 중국에서는 시클라메이트 사용을 금지하지 않아 중국에서 수입되는 제품에 포함되어 2008년에 또다시 논란이 되었다. 2011년에는 콜라에 든 메틸이미다졸methylimidazole이 생쥐에게 암을 일으킨다는 주장이 있었다. 물론 메틸이미다졸이 발암물질로 분류되기는 하지만 위험도가 낮아서 콜라를 매일 1,000캔이나 마셔야 암에 걸릴 정도다.

상황이 이러한데도 이 물질을 위험한 발암물질로 분류하는 게 국민 건강을 지키기 위해 필요한 조치일까? 아니면 아무리 콜라를 좋아해도 그만큼 마실 일은 없는데 쓸데없는 걱정을 하게 만들었다고 해야 할까? 끊임없이 문제가 제기되는 콜라는 틀림없이 나쁜 식품일까? 아니면 이렇게 많은 공격 속에서도 견뎌 내고 있으니 먹어도 되는 식품일까?

그런데 콜라에 대한 지적은 여기서 끝이 아니다. 탄산이라는 이름에서 알 수 있듯 산성음료라 몸에 해롭다는 주장을 하는 사람도 있다. 그 이유로 우선 치아를 손상시킨다는 점을 들 수 있다. 특히 오랫동안 콜라를 물고 있으면 치아의 에나멜층이 상할 수 있다. 치아 표면을 둘러싼 에나멜은 pH 5.5 이하에서는 손상되기 때문이다. pH가 대체 무엇이기에 이 수치를 보고 산성음료는 해롭다고 하는 것일까?

이온음료에서 설명했듯이 물질 중에는 물에 녹았을 때 이온이 되는 게 있다. 수소도 그중 하나다. 수소는 공기 중에서 기체 상태로 존재하지만 물속에서는 수소 이온H^+이 된다. 물도 마찬가지다. 수소 원자 2개와 산소 원자 1개로 이뤄진 물은 물 분자 상태로 존재하는 것도 있지만 수소 이온과 수산화 이온OH^- 상태로 존재하는 것도 있다. 이산화탄소는 물에 용해되면 이산화탄소 분자 상태가 아니라 탄산이온CO_3^{2-}으로 존재하기 때문이다. 이산화탄소와 같은 기체가 물에 녹을 때는 압력은 높고 온도는 낮을수록 더 많이 녹는다. 그래서 이산화탄소에 압력을 가하면 물에 더 많이 녹기 때문에 콜라 병을 따면 압력이 낮아져 콜라 속의 이산화탄소가 기체 상태가 되어 올라오면서 거품이 생긴다. 콜라를 마시고 트림이 나오는 이유도 온도가 낮은 콜라가 온도가 높은 몸속으로 들어가면 용해도가 낮아져 이산화탄소 기체가 빠져나오기 때문이다.

탄산수는 탄산음료와는 다르다. 탄산수는 물속에 순수하게 이산화탄소만 들어 있다. 이산화탄소가 청량감을 주기 때문에 다른 첨가물 없이 탄산, 즉 이산화탄소만 넣은 물이다. 설탕이나 향료를 넣지 않았으니 사실 맛은 별로다. 물론 이건 내 생각이다. 탄산수를 좋아하는 사람은 그것을 맛있다고 표현한다. 맛이란 사람의 주관적인 느낌이니까. 또는 톡 쏘는 느낌이 좋다면 탄산수를 마시는 것도 나쁘지 않다. 탄산수는 청량감과 함께 소화에 조금 도움을 주기 때문이다.

마지막으로 결론을 내보자. 콜라가 건강에 도움이 되느냐고 묻는다면 내 대답은 '아니요'다. 하지만 콜라 한 잔이 그렇게 해로운지 묻는다면 '글쎄'라고 대답하겠다. 건강에 무조건 도움이 되어야 한다고 생각한다면 그건 음식이 아니라 약이다. 건강에 도움이 되지 않더라도 즐거움을 얻고 싶다면 가끔 콜라 한 캔쯤 어떠냐는 것이다. '피자와 콜라', '햄버거와 콜라'처럼 콜라가 꼭 필요할 때가 있으니까 말이다.

✖
맛있는
실험

붉은 양배추로 지시약을 만들자. 양배추를 삶은 뒤 양배추는 건져 내고 얻은 붉은색 물은 용액의 액성에 따라 다른 색을 나타낸다. 이는 양배추 내에 포함된 안토시아닌이라는 색소 때문이다. 이 액체를 식초와 표백제에 넣어 보자. 이때 표백제는 위험한 물질이므로 반드시 어른과 함께 실험해야 한다. 식초에 양배추 액을 넣으면 붉은색이지만 표백제에는 노란색을 띤다. 이렇게 액성에 따라 다양한 색을 나타내는 물질이 지시약이다.

음식 속의
살인자

✖

발암물질과 기생충

여행의 즐거움을 알려주는 리얼리티 쇼를 보면 경치를
보는 것 못지않게 먹는 즐거움이 크다는 것을 느낄 수
있다. 특히 숯불구이를 즐기는 것은 큰 기쁨 중 하나며,
된장찌개와 김치는 우리의 식탁에서 빠질 수 없는
소중한 메뉴다.

그런데 여행에서 큰 즐거움을 주는 숯불구이와 대표적인
슬로우 푸드로 알려져 있는 된장에 발암물질이 들어
있다고 한다. 세상에. 숯불구이 음식에 발암물질이
들어 있다는 것은 널리 알려져 있지만 된장과 김치에도
포함되어 있다는 것은 충격적일 수 있다. 불에 구운
고기와 된장에는 어떤 위험이 도사리고 있는 것일까?

발암물질을 피할 수 있을까?

암은 연간 사망률 통계에서 사망 원인 중 1위를 차지할 정도로 많은 사망자를 내는 무서운 병이다. 따라서 현대인이 건강을 지킨다는 말을 암을 예방한다는 말과 같은 의미로 받아들이는 것도 무리가 아니며, 암을 일으킨다는 물질을 장수의 가장 큰 적으로 여기는 것도 당연하다. 따라서 암에 걸리지 않기 위해서는 발암물질을 꼭 피해야 한다고 생각할 만하다.

하지만 발암물질은 종류가 많은 데다 무척 흔해서 완벽하게 차단하기가 불가능하다. 발암물질을 구분하기도 쉽지 않다. 발암물질을 정하는 데는 역학조사를 하거나 동물실험을 하는 방법이 사용된다. 역학조사는 이미 알려진 '어떤' 물질에만 가능하며 다이옥신의 발암성을 조사하려면 다이옥신이라는 물질에 대해 이미 알고 있어야 한다. 그것도 소량의 물질이면 발암성을 찾기 쉽지 않다. 게다가 암이 발생하기 전까지는 그 물질과의 상관관계를 확인하기 어려워서 역학연구를 거쳐 새로운 발암물질이 확인되는 경우는 많지 않다. 동물실험의 경우에도 인간과 동물은 유전적으로 차이가 있고, 고용량의 물질을 장기간 사용하면 그 자체가 독성을 나타낸다는 문제점이 있다. 예를 들어 보자. 실험용 쥐는 대개 수명이 3년이라 쥐에게 2년이면 사람에게는 50년 정도에 해당하는데, 쥐에게 고농도의 물질을 2년간 투입하면 천연물질의 57퍼센트와 합성물질의 60퍼센트가 발암물질로 나타난다. 이러한 실험으로는 항산화제로 널리 알려진 사과조차도 발암물질로 낙인찍힐 수밖에 없다.

원래 식물은 자신을 보호하기 위해 여러 화학물질을 만들어 낸다. 이러한 물질이 독성을 나타내는 것은 어떻게 생각하면 당연하다. 즉 상추나 시금치와 같은 채소류에 질산염이 들어 있고 고사리에 프타퀼로사이드ptaquiloside와 같이 독성물질이 포함되어 있어도 전혀 이상할 것 없다. 고사리에 발암물질이 있으니 먹지 말아야 할까, 아니면 발암물질을 제거하고 그 맛을 즐겨도 될까? 건강식품인 된장에서 아플라톡신aflatoxin이 발견되었다고 먹지 말아야 할까? 아플라톡신은 오래된 콩에서 자주 발견되는데 간암을 일으키는 것으로 알려져 있다. 콩을 발효시키는 메주나 장류에서도 발견되곤 하지만 대부분 기준치 10피피비 이하다.

> 피피비(ppb): 10억 분의 1을 나타내는 단위. 'parts per billion'의 약자다. 1피피비는 용액 1,000,000,000그램 속에 1그램의 물질이 있다는 뜻이다.

제초제 원료로 쓰였던 1급 발암물질 다이옥신dioxine도 언론에 자주 거론된다. 우리는 다이옥신에 완전히 자유롭기 어렵다. 물질이 연소하면 자연스럽게 다이옥신이 생겨나므로 주변에 흔하기 때문이다. 또 다이옥신은 체지방에 쌓이는 성질이 있어 몸이나 모유에서 발견되어도 놀라운 일이 아니다.

어찌 그리 마음 편한 소리 하느냐고 말할지도 모른다. 물론 쥐 실험에서 높은 용량의 다이옥신은 암을 일으킨다. 하지만 낮은 용량의 대조군 동물실험에서는 오히려 암을 감소시키는 경우도 있었다.

발암물질에 대해 흔히 분자 하나도 해롭다고 주장하는 것은 화학물질과 암이 선형적으로 비례한다고 가정하기 때문이다. 선형적 비례 모델이 옳다면 물질의 농도가 낮으면 낮은 만큼 적은 수의 암 환자가 생길 것이다. 따라서 발암물질에 노출되지 않도록 최대한 억제하는 게 맞다. 하지만 역치 모델처럼 일정 용량 이상이 되어야 암이 발생한다거나 저용량에서는 오히려 암이 줄어든다는 호르메틱 hormetic 모델이 옳다면 사정이 달라진다. 그러니 선형적 비례 모델이 옳다는 근거가 없는 이상 굳이 허용 기준 이하의 물질에 노출되지 않으려고 노심초사할 필요가 없다.

흔히 산업사회가 되어 발생한 환경오염 때문에 암이나 질병이 많아졌다고 믿는다. 하지만 어떤 암도 플라스틱과 살충제의 사용이 폭발적으로 늘어난 것에 비례해 유의미한 증가를 보이지 않았다. 환경오염이 암을 증가시키지 않은 것이다. 그렇다고 화학물질이 안전하다거나 환경오염을 옹호하자는 게 절대 아니다. 분명 화학물질에 고농도로 노출되면 발암성을 확인할 수 있고, 암 외의 많은 질환은 환경오염 때문에 생긴다.

미국에서 1958년 제정되었다 1996년 폐기된 딜레이니 조항에서 보듯 중요한 것은 양이다. 딜레이니 조항은 사람이나 실험동물에게서 발암성이 입증된 식품첨가물은 식품에 절대 검출되면 안 된다고 했다. 당시에는 이 법이 소비자에게 환영을 받았지만 검출 기술의 발달로 극미량의 물질까지 찾아낼 수 있게 되면서 너무 많은 식품이 규제 대상이 되었다. 소비자를 보호하기 위한 법이 오히려 경제와 소비자에게 피해를 주면서 폐기될 수밖에 없었다.

오늘날에도 '단 하나의 분자도 해롭다'는 딜레이니 조항의 망령에 시달리는 사람들이 있어 안타까울 때가 있다. 발암물질 분자 몇 개보다는 잘못된 식단에서 오는 위험이 훨씬 더 크고, 때로는 건강 염려증이 더 해롭다. 채소의 질산염보다는 채소 속의 영양 성분이 주는 이득이 훨씬 크며, 잘 숙성된 전통 된장 속에는 아플라톡신이 거의 없다. 그리고 가끔 먹는 숯불구이가 암 발생률을 높인다는 근거는 어디에도 없다. 오히려 가족이나 친구들과 함께 즐거운 고기 파티를 열어 일상에서 받은 스트레스를 날려 버리는 것이 진정 건강하고 행복하게 사는 길이다.

기생충은 유기농의 근거?

2017년 11월 북한군 병사 한 명이 귀순 도중 총상을 입고 국내 의료진에게 수술을 받았는데 "파열된 소장의 내부에서 수십 마리의 기생충 성충이 발견되었다"라는 발표가 있었다. 기생충 감염은 후진국에서만 일어나는 일이라고 여겼던 우리에게는 북한의 실정을 추정하는 계기가 되었다. 북한은 화학비료와 살충제가 부족해 전통적인 농법으로 농사를 지을 수밖에 없고, 기생충약이 보급되지 않으니 병사의 몸에서 엄청난 양의 기생충이 발견된 것이다. 그런데 과연 기생충 감염이 북한이나 후진국에서만 일어나는 일일까?

　1960년대에는 우리의 사정도 지금의 북한과 크게 다르지 않았다. 1971년 기생충 감염률은 84.3퍼센트였고, 기생충 박멸 운동 덕분에 2004년에는 4.3퍼센트까지 떨어졌다. 그런데 최근에 다시 기생충에 감염되는 사례가 늘고 있다. 해외여행과 반려동물의 증가, 유기농 식품의 섭취량 증가가 원인으로 꼽힌다. 그리고 이러한 결과를 부른 엉뚱한 생각이 있다. 농산물에 벌레 먹은 흔적이나 알이 있으면 농약을 사용하지 않았다는 증거니 그것은 건강한 농산물이라는 것. 살충제에 대한 지나친 두려움이 이런 어이없는 결과를 낳았다.

　여기서 생각해 봐야 할 것은 무엇일까? 살충제와 기생충, 두 가지 모두 해로운 것은 틀림없지만 과연 무엇이 사람에게 더 많은 피해를 주는지 따져 봐야 한다. 여기서 농약이 얼마나 해로운가는 농약의 종류와 섭취량에 따라 판단해야 한다. 즉 농약 분자 하나라도 해로우니 절대로 음식에 포함되어서는 안 된다는 주장은 과학적인 근거가 없다. 전체 식품사고 중 농약처럼 공장에서 만들어진 화학물질 때문에 일어난 사고는 약 3퍼센트밖에 되지 않는다. 나머지는 기생충이나 세균, 바이러스 때문에 일어난 사고다.

　하지만 유기농을 고집하는 사람은 기생충 감염에 따른 사고는 증세가 금방 드러나지만 농약 때문에 걸린 질병은 오랜 세월이 지난 뒤 일어날 수도 있으므로 그러한 통계 수치가 중요한 게 아니라고 항변한다. 설령 농산물에 포함된 잔류 농약이 허용 기준치 아래 고 먹을 때 깨끗이 세척해서 먹어도 문제가 될 수 있다고 주장한다. 물론 농약이나 화학비료에 장기간 노출되었을 때 몸에 어떤 변화가 일어날지 알 수 없다는 것은 일리 있는 주장이다. 하지만 그럴 가능성이 얼마나 될까?

우리는 식품에 대해 안전을 지나치게 강조하지 않는지 생각해 봐야 한다. 그 어떤 상황에서도 100퍼센트 안전한 식품은 없기 때문이다. 심지어 물도 섭취량에 따라 죽을 수 있다! 건강한 먹을거리인 유기농이라 하더라도 '유기농＝안전'이라는 등식 따위는 성립하지 않는다. 어떤 식품이든 생산과 유통 환경에 따라 감염이나 변질의 우려가 있기 때문에 식품의 상태를 꼼꼼하게 확인한 뒤에 섭취해야 한다.

유기농 식품에 대한 맹신은 잘못된 소비를 부르는 원인이 되기도 한다. 상술에 빠질 수 있다는 말이다. 수박처럼 두꺼운 껍질 속에 과육이 들어 있어 유기농을 선택할 필요가 없는 것까지 유기농이라는 상표가 붙었다는 이유로 더 비싸게 살 필요가 있는지 의문을 던져 보자. 항상 고민하고 의문을 던질 때만이 자연은 더 건강해지고, 먹을거리 또한 안전해진다.

GMO에
무슨 문제가?

✖

유전자

19세기의 천재 작가 메리 셸리가 탄생시킨 과학 소설
《프랑켄슈타인》은 책은 물론이고 영화와 뮤지컬로
끊임없이 재탄생해 그 이름을 모르는 사람이 드물다.
괴물계의 원조격인 프랑켄슈타인. 흉측한 외모를
제외하면 괴물이라고 불러야 할 이유를 찾기 어렵지만
여하튼 우린 그를 괴물로 취급한다.
하지만 프랑켄슈타인은 괴물의 이름이 아니라 괴물을
만든 과학자의 이름이라는 사실!
못생긴 괴물이 프랑켄슈타인이 아니라 그를 만든
과학자의 이름이 바로 빅터 프랑켄슈타인이다.
프랑켄슈타인 박사는 자신이 만든 괴물을 저주하며
끝까지 이름을 지어주지 않았다.
너무하다, 너무해.

누가 프랑켄슈타인에게 돌을 던질까

왜 박사는 자신이 한 놀라운 과학적 성취를 진지하게 따져 볼 생각도 하지 않고 프랑켄슈타인괴물이라고 부르면 괴물이라는 보통명사와 혼동이 오니까 일단 우리도 괴물의 이름을 프랑켄슈타인이라고 부르자.을 만든 것을 후회한 것일까? 바벨탑을 건설한 인간처럼 생명 창조가 창조주의 능력에 도전한 인간의 불순한 의도라고 느꼈기 때문이다. 만일 박사의 고뇌가 인간의 존엄성 문제를 일으킨 데 대한 것이었다면 합당한 고민이고 논의의 대상이었을 것이다. 우리는 '프랑켄슈타인=괴물'이라는 등식에 너무 익숙한 나머지 프랑켄슈타인이 왜 괴물로 취급받아야 하는지 묻지도 따지지도 않는다.

분명 프랑켄슈타인 박사의 일은 과학 윤리에 어긋난다. 다만 그의 피조물이 괴물로 취급되는 게 합당한 일인가 생각해 보자. 박사의 행위 자체가 잘못이니 그의 피조물도 그러한 대우를 받는 것일까? 아니면 외모가 추해서 그런 것일까? 박사가 연구 윤리를 어겼어도 태어난 생명은 하나의 생명체로 존중해야 했다. 하지만 신에게 도전해서는 안 된다는 도그마에 휩싸여 괴물은 정당한 대우를 받지 못했다.

식품을 소재로 한 책에서 느닷없이 프랑켄슈타인의 이야기를 꺼냈으니 생뚱맞게 느껴질지도 모른다. 하지만 프랑켄슈타인은 과학기술을 소재로 한 SF의 원조일 뿐 아니라 오늘날 과학기술을 대하는 사람들의 태도를 이해하는 데 많은 도움을 준다. '신무신론자라면 자연이 창조한 것은 선하지만 인간이 창조한 것은 악하다'라는 독단적인 신념 말이다. 이러한 생각은 인공물이나 화학합성품에 대한 공격의 근거가 된다. 이렇게 과학적인 근거가 아니라 마땅히 그래야 한다는 생각을 바탕으로 한 주장을 '자연주의 오류'라고 한다. 과학은 사실을 바탕으로 할 뿐 '당연히 그러해야 한다'는 당위 따위는 없다. 자연에서 탄생한 것이든 인간이 만든 것이든 위해성을 기준으로 위험성을 판단해야지 그저 '자연적인 것은 좋다'는 주장에는 어떤 과학적인 근거도 없다.

과학기술의 발달로 인간이 유전자를 조작해 자연에 없던 새로운 품종을 만들어 내는 게 프랑켄슈타인 박사가 했던 것처럼 괴물을 만들어 내는 일이 될까?

물론 새로운 품종이 생태계와 인간에 해를 끼칠 수도 있다. 하지만 해를 끼칠지에 대한 판단은 과학적인 근거를 바탕으로 해야 한다. 단지 그동안 자연에 존재하지 않았다고 해서 해롭다는 기준이 되어서는 안 된다. 가축이나 농산물의 대부분은 원래 자연에 없었다. 인위선택으로 꾸준히 품질을 개량한 결과 오늘날과 같은 특성이 생긴 것이다. 자연선택을 통해 진화가 이뤄지듯 인위선택으로 품종개량을 이룬 게 오늘날 우리가 먹는 가축과 농산물이다.

이러한 전통적 육종법보다 효율적이며 강력한 게 유전자 변형이다. 유전자 변형 농산물은 필요한 특성을 유전 공학적인 방법을 통해 유전자를 재조합해서 얻는다. 그 과정에서 기형적인 생물이 탄생하기도 하지만 이는 자연에서 일어나는 돌연변이와 크게 다르지 않다. 이 주장이 과학계의 일반적인 견해다. 그렇다고 모든 사람이 동의하고 합의에 이른 것은 아니다.

GMO 논란 살펴보기

2016년 미국의 일간지 〈워싱턴 포스트〉는 노벨상 수상자 107명이 국제환경단체 그린피스의 'GMO 반대 운동' 중단을 촉구하는 서명을 했다고 전했다. 다양한 분야의 세계 석학들은 성명에서 현재까지 GMO 소비가 인간이나 자연에 부정적인 영향을 미친 사례는 한 건도 없다며 '황금쌀'과 같은 GMO 반대 운동 중단을 촉구했다. 황금쌀이 비타민A 결핍증을 앓는 수많은 아프리카와 동남아 어린이의 건강을 지켜줄 것이라며 이 같은 주장을 하는 것이다. 이에 대해 그린피스는 황금쌀이 아직까지 시장에 나오지 않은 뚜렷한 성과가 없는 작물이라며 반박했다. 그린피스는 비타민A의 부족 문제는 다양한 식생활로 해결할 수 있으며 황금쌀은 20여 년간 엄청나게 많은 연구비가 들었지만 아직 개발이 완료되지 않았다고 지적한다. 또한 차라리 연구비를 다른 데 썼더라면 더 효과적이었을 거라고 주장한다. 황금쌀이 보급되지 못한 것은 그린피스와 같은 반대 운동의 결과라기보다는 황금쌀의 효능을 입증하지 못한 기술적 문제로 봐야 한다는 것이다.

황금쌀 논란은 GMO 문제가 그리 단순하지 않다는 것을 잘 보여 준다. 단순히 과학자들의 안전성 지지만으로 해결될 수 있는 문제가 아니라는 뜻이다. 이미 GMO는 과학자와 기업, 환경단체와 농민 등 다양한 집단의 목소리가 뒤엉켜 과학적 문제를 넘어 사회적 문제가 되었다. 대체로 미국은 GMO에 대단히 호의적인 연구 결과를 많이 내놓고 유럽은 그 반대의 경우가 많다. 이는 미국의 농산물로부터 유럽 시장을 지키기 위한 의도가 반영되었기 때문이다.

2017년 전북 완주에서 GM작물에 대한 연구를 한다는 게 밝혀지자 지역 농민과 환경단체에서 반발했다. 농민들은 지역에 GM작물 연구소가 있다고 알려지면 소비자가 지역 농산물을 모두 GM작물로 잘못 생각해 외면할 거라고 주장했다. 하지만 반대하는 목소리만 있는 것은 아니다. 한편에서는 변화하는 환경에 대처하기 위해서는 꾸준히 우리 실정에 맞는 작물 연구가 이뤄져야 한다고 주장한다. 연구를 멈추면 외국 종자와 농작물이 우리의 농업 환경을 지배하게 될지 모른다는 것이다. 그래서 정부는 해마다 엄청난 양의 쌀이 남아돌아도 GM벼 연구에 많은 연구비를 들이고 있다.

GMO에 대한 논란이 끊이지 않아 이를 식품에 표시하는 문제에서도 쉽게 합의를 이끌어내지 못하고 있는 실정이다. 2017년 개정된 '유전자변형식품 등의 표시 기준'은 GMO를 확대 표시하도록 했지만 GMO를 반대하는 측에서는 반쪽짜리 제도라고 불만을 드러냈다. GMO가 많이 사용되는 식용유나 간장, 당류 등이 표시 대상에서 빠졌기 때문이다. 이를 두고 정부는 고도의 정제로 최종 제품에서 유전자변형 DNA나 단백질이 남아 있지 않기 때문에 제외했다고 발표했다. 궁색한 변명이기는 하다. 원재료를 들여올 때 GMO인지 확인이 가능한데 굳이 최종 산물에서 검출되지 않는다고 표시하지 않아도 된다는 말은 납득하기 어렵다. 물론 이것은 업계의 의견을 반영한 조치다. 국내 제품에만 표시할 경우 원재료를 확인할 수 없는 외국 제품과 역차별 문제가 제기되기 때문이다.

최종적으로 유전자변형 DNA를 확인할 수 없다는 것은 전통적 작물과 성분상 차이가 없다는 뜻이다. 하지만 이것은 과학적인 견해일 뿐이고, 개인의 선택권도 존중되어야 한다. 과학자들의 합의야 어찌되었건 GMO 식품을 먹고 싶지 않은 사람의 선택권을 보장할 필요도 있다는 것이다. 그래서 GMO 문제는 과학적 문제로 보기만 해서는 해결이 어렵고, 사회 구성원의 합의가 중요한 사회문제로 접근해야 한다.

봉급을 소금으로 받은
병사들

'세상의 빛과 소금이 되라'는 말에는 세상에 꼭 필요한 사람이 되라는 뜻이 담겨 있다. 빛과 소금은 사람에게 꼭 필요한 것이기 때문이다. 빛이 없으면 아무것도 볼 수 없을 뿐만 아니라 식물이 자라지 못해 생태계가 붕괴되어 생물이 살 수 없다. 소금은 모든 음식의 맛을 내는 기본양념이며 나트륨은 인체에 꼭 필요한 물질이다.

그런데 빛이 어디에나 있는 것과 달리 옛날에 소금을 구하는 것은 쉽지 않았다. 특히 바다에서 멀리 떨어진 내륙에서는 소금을 얻기 어려웠다. 그래서 소금은 고대 페니키아의 주요한 교역 품목이었고, 부와 권력을 만들어 낸 물질이기도 했다.

유럽에는 암염 광산이나 소금 호수와 같이 소금을 생산할 수 있는 지역이 한정되어 있었다. 암염은 원래 바다였던 지역이 지각 상승 때문에 육지가 되면서 형성된 것이며, 소금 호수는 바닷물이 아직도 완전히 증발하지 않아서 생긴다. 우리의 입장에서 보면 암염 광산을 찾는 것보다 바다에 가서 물을 증발시키는 편이 쉽게 소금을 얻을 수 있는 방법이라고 생각하기 쉽다. 하지만 지중해 연안이 바다와 접해 있어도 소금을 생산하는 일은 쉽지 않다. 바닷물 속에 소금이 녹아 있어도 그것을 얻기 위해서는 바닷물을 증발시켜야 한다. 물론 커다란 솥에 바닷물을 끓여서 소금을 얻을 수도 있지만 비용이 많이 든다. 따라서 천일염처럼 바닷물을 증발시켜 소금을 얻을 수 있어야 하는데 천일염을 얻기 위해서는 모래해변이 아니라 갯벌이어야 한다. 조수 간만의 차가 크고 건기와 우기가 뚜렷하며 여름에 기온이 높으면 더욱 좋다. 그러한 곳이 우리나라의 서해안이다. 천일염을 생산하는 산지가 동해안이 아니라 서해안에 밀집한 이유는 이러한 조건 때문이다. 그런데 유럽에는 북해 연안을 제외하면 갯벌인 해안이 거의 없다. 세계적으로도 우리나라의 서해안처럼 대규모 갯벌이 형성된 곳이 오히려 드물다.

이렇게 귀한 소금이었으니 고대 로마에서는 병사들에게 봉급으로 소금을 지급하기도 했다. 봉급salary과 병사soldier의 어원에 소금salt이란 뜻의 라틴어 'sal'이 들어 있는 이유를 여기서 찾을 수 있다. 소금이 군대를 유지하는 중요 자원 중 하나였던 셈이다.

소금이 권력만 상징하는 것은 아니었다. 영국 식민지였던 인도에서는 마하트마 간디의 주도로 소금 행진, 즉 소금 사티아그라하Salt Satyagraha라는 비폭력 불복종 운동이 있었다. 지나친 세금을 부과한 영국산 소금의 구매를 인도에 강요하면서 벌어진 운동이었다. 이처럼 간디가 소금 행진을 한 데는 소금이 상징하는 자유의 소중함을 알리고자 하는 의미가 있었다.

6. 토요일

토스터와 피자 로봇

즐거운 토요일. 오랜만에 친구와 영화를 보기로 한 날이다.
무인발권기에서 티켓을 뽑아 영화를 보고 맛집으로
소문난 카페에 들어가 키오스크로 음료를 주문했다.
언젠가는 요리도 사람 손을 거치지 않는 날이 오려나?

정말로 하늘에서
음식이 내려온다면?

✖

인공지능과 맛

애니메이션 〈하늘에서 음식이 내린다면Cloudy With
A Chance Of Meatballs 〉2009에서는 정말로 하늘에서
음식이 내려온다. 천재 발명가 플린트가 개발한 슈퍼
음식 복제기가 하늘로 올라가면서 음식을 마구 만들어
내기 때문이다. 하늘에서 햄버거나 피자, 푸딩 등
음식이 쏟아지자 정어리밖에 없던 섬은 활기를 띤다.
온갖 음식이 공짜로 떨어지니 이보다 행복한 일이 어디
있겠느냐고 여길 때쯤 문제가 생긴다. 지나친 여유가
해를 부른 것.
그런데 이 만화 속의 일이 서서히 현실로 옮겨 가고 있다.
과학기술의 발전과 함께 우리의 식생활은 어떤 모습으로
달라질까?

생쥐와 로봇 요리사

영화 〈라따뚜이Ratatouille〉2007에서 요리사를 꿈꾸는 링귀니는 허드렛일을 하는 견습생이다. 그에게는 레미라는 훌륭한 요리 스승이 있는데, 문제는 레미가 생쥐라는 것. 링귀니는 레미가 시키는 대로 요리를 만들어 요리 평론가를 비롯한 손님들에게 좋은 평가를 받는 웃지 못할 일이 벌어진다. 물론 인간의 입맛을 모르는 생쥐가 맛있는 요리를 만들 수 없겠지만 이 장면은 조리법대로 만든다면 누구나 맛있는 요리를 만들 수 있을지도 모른다는 것을 보여 준다. 즉 조리법을 제공하는 존재가 생쥐가 아닌 인공지능 로봇이라면 훌륭한 요리사가 될 수 있지 않을까 하는 의문이 생긴다.

이러한 의문에 요리사들은 요리는 기술이 아니라 예술이라 로봇이 인간을 대체하지 못할 거라고 이야기한다. 일류 요리사의 요리를 보면 그러한 주장에 마땅한 이유가 있어 보인다. 그들이 선보이는 요리는 단지 요리 자격증을 취득하고 책을 열심히 읽는다고 쉽게 따라할 수 있는 수준이 아니기 때문이다.

하지만 일류 요리사가 되는 과정을 따져 보면 로봇이 따라할 수 없을 만큼 고도의 창의성을 필요로 하는 작업인지 의문이 생긴다. 흔히 요리사가 되는 방법은 도제 시스템을 따른다. 제자는 기술을 터득하기 위해 꾸준히 스승을 본받아 훈련한다. 새로운 요리를 만드는 것은 기본적인 요리 기술을 터득한 뒤의 일이다. 최고의 요리사가 되려면 스승의 기술을 모두 전수받아야 하기에 힘든 도제 생활을 견디는 것이다.

조리법만 배워서 충분히 맛있는 요리를 만들 수 있다면 인간보다 훨씬 정확하게 작동하는 로봇이 대가의 요리를 흉내 내지 못할 이유가 없다. 이미 일본에서는 초밥을 만드는 로봇이 저렴한 가격으로 초밥을 선보이고, 중국에서는 국수를 만드는 로봇이 사람들의 호기심을 끌고 있다. 초밥 로봇과 국수 로봇이 정해진 요리만 하는 것과 달리 로봇 몰리Moley는 요리사를 그대로 따라 해 갖가지 요리를 한다. 몰리는 팀 앤더슨이라는 요리사의 동작을 그대로 재현해 내도록 만들어졌다. 유명 요리사의 동작을 입력하면 그의 요리를 모두 따라 할 수 있으니 충분한 데이터베이스만 구축되면 세계에서 가장 많은 요리를 할 수 있는 요리사가 될 것이다. 사람이 한 가지 요리를 익히려면 많은 시행착오를 거쳐야 하지만 몰리는 배운 그대로 자기 것으로 삼을 수 있기 때문이다.

인간보다 창의적인 인공지능

절대음감을 지닌 모차르트처럼 뛰어난 요리사가 되기 위해서는 요리의 맛을 제대로 볼 줄 알아야 한다. 물론 듣지 못했어도 뛰어난 작품을 만든 베토벤처럼 일부 요리사는 자신의 요리를 싫어하면서도 뛰어난 솜씨를 발휘한다. 하지만 재료의 혼합에 따른 맛의 차이를 느껴야 새로운 요리에 대한 피드백이 가능한 것은 사실이다.

아직까지 사람처럼 맛을 느낄 수 있는 로봇은 없다. '느낀다'는 표현 자체도 무척 애매모호한 것이다. 사람이 맛을 느끼게 하는 분자를 감지하는 것을 '느낀다'고 한다면 로봇도 맛을 느낄 수 있기 때문이다. 하지만 맛은 단순히 어떤 분자를 혀의 맛세포가 감지하는 것 이상이다. 같은 요리라도 사람에 따라 느낌이 다르며, 심지어

> 맛세포(미각세포): 맛을 감지하는 세포. 혀와 연구개에 분포하는 미뢰(맛봉오리) 속에 있으며 맛을 내는 물질과 결합하면 미각신경을 통해 뇌로 신호를 전달한다.

그 사람의 건강 상태에 따라서도 맛은 다르게 느껴진다. 이렇게 주관적인 맛을 로봇이 알아서 챙겨 주기는 쉽지 않다. 물론 사람의 개인적인 느낌을 객관화해 나타낼 수는 없으며, 모든 사람을 100퍼센트 만족시키는 요리는 존재하지 않는다.

주관적인 감각인 맛을 로봇이 절대적인 값으로 표현하고 판단하기는 어렵더라도 많은 사람이 좋아할 만한 요리를 추천하는 것은 가능하다. 이미 많은 사람이 맛을 보고 요리에 대해 평가한 데이터베이스가 존재하기 때문이다. 2015년에 IBM은 요리 잡지 〈본 아페티Bon Appetit〉가 가지고 있는 방대한 요리 자료를 바탕으로 인공지능 요리사 셰프 왓슨Chef Watson을 선보였다. 셰프 왓슨은 〈본 아페티〉에서 제공받은 1만여 가지 조리법을 바탕으로 다채로운 요리를 제안한다. 제안한다고 표현한 이유는 셰프 왓슨이 직접 요리하는 게 아니라 조리법만 알려 주기 때문이다. 아직까지 요리는 인간 요리사의 몫.

왓슨이 제안한 요리와 인간 요리사가 대결해 인간이 가까스로 이기긴 했다. 그런데 놀라운 반전은 다른 데 있었다. 인간 요리사의 요리가 조금 더 맛있기는 했지만 창의성은 오히려 왓슨의 요리가 더 뛰어났던 것이다. 우리는 흔히 인간이 인공지능보다 창의적이라고 여긴다.최소한 그렇다고 우긴다. 하지만 인간은 익숙한 기존의 요리법을 토대로 새로운 요리를 만드는 반면에 왓슨은 기본적인 조리법에 대한 고려 없이 이전에 없던 색다른 음식을 만들어 낸다. 이제 요리 분야에서는 인간이 인공지능보다 창의적이라는 말이 항상 옳지는 않은 세상이 된 것이다.

요리사들이 보여 주는 화려한 손기술은 결국 로봇이 더 뛰어날 수밖에 없는 그야말로 기술이다. 하지만 미래에 뛰어난 기술로 예술의 경지에 오른 요리사가 있다면 그는 로봇 요리사일 가능성이 크다. 머지않아 조리법 제안은 물론 요리를 완성하기까지 모든 과정을 로봇 요리사가 할 날이 올 것이다.

로봇이 만든
피자

✖

요리와 기술

인간과 로봇이 서로 도와 훌륭한 작업을 해내는 기업에
줌 피자Zume Pizza가 있다. 2016년에 미국에서 문을 연
피자 업체인 줌 피자에서 피자를 만드는 요리사는 로봇
페페와 존, 마르타, 브루노, 빈첸시오 그리고 사람이다.
섬세함이 필요한 반죽과 토핑 만들기는 사람이 하고
나머지 작업은 로봇이 맡는다. 로봇과 인간이 함께
피자를 만드는 일이 흥미롭다고 여길지 모르지만
그 이상이다. 배달 시간을 파격적으로 줄인 데다 식은
피자가 아니라 갓 구워낸 피자를 배달한다. 고객의 집에
도착하기 4분 전에 오븐이 작동해 3분 30초 동안
굽고 30초 동안 식혀서 따끈한 피자를 고객에게
가져다준다니, 대박이다.

냉장고를 누구에게 부탁할까?

푸드테크food tech로 부르는, 음식food과 기술technology이 접목된 새로운 형태의 요리법이 주목받고 있다. 아마도 먼 미래에는 모든 것이 3D 프린터로 해결될 것이다. 지금은 초콜릿과 같이 단순한 음식의 제조에만 사용되고 있지만 3D 프린팅 요리는 장점이 많아 계속 발전할 것임에 틀림없다. 개인 맞춤형 식단을 제공하거나 음식을 씹기 어려운 노인에게 부드러운 요리를 만들어 주는 등 다양한 요리가 가능하다. 초보자도 간단하게 요리할 수 있으니 활용도도 엄청나다. 프린팅 재료가 한정적이기는 하지만 자연의 모든 생명체도 나노공학의 측면에서 본다면 3D 프린팅과 비슷한 방법을 사용하고 있으니 결국 모두 기술상의 문제일 뿐이다. 피부를 만들어 내듯 **조직공학**적 기법까지 사용한다면 만들어 낸 신선한 재료로 맛있는 요리를 할 수 있게 될 것이다.

> 조직공학: 생체조직을 체외에서 배양해 인체 내로 이식하는 방법을 연구하는 학문. 세포의 모임, 즉 조직을 만들어 이식하는 게 조직공학이다. 궁극적으로는 인공장기를 만드는 것을 목표로 한다.

요리에서도 로봇이 잘할 수 있는 일은 로봇에게, 인간이 잘할 수 있는 인간이 맡게 될 것이다. 이런 식으로 한동안 요리사와 로봇의 동거는 이어질 것으로 보인다. 재료 준비 등 로봇으로 표준화시켜 작업하기 어려운 일도 많은 데다 요리에 대한 피드백을 하려면 인간이 필요하기 때문이다. 언젠가 로봇을 창의적이지 못하다고 깎아내릴 수 없는 날이 올지도 모르지만 그때까지 인간과 로봇의 화려한 콜라보는 늘어날 것이다. 알파고가 이세돌을 이겼듯 요리에서도 가장 많은 미슐랭의 별을 지닌 로봇 요리사가 탄생하는 것도 불가능하지는 않으리라. 그때에 이르기까지 인간 요리사와 공학자의 끊임없는 협업이 있어야겠지만.

역시 요리는 손맛이니 사람이 만드는 요리가 제맛이라고 계속 주장할 수 있을까? 미술 분야를 예로 들어 보자. 화가들은 실물과 똑같은 그림을 그리려고 노력하다가 사진이 나오자 더 이상 사실적인 그림을 그리려 하지 않았다. 대상이 주는 느낌이나 시간에 따른 변화, 사물의 본질 등 사진으로는 나타낼 수 없는 것을 그리기 시작했다. 완벽하게 균형 잡힌 매끄러운 도자기를 만들어 왔지만 기계가 완벽하게 만들기 시작하자 수제품이라는 것을 드러내기 위해 일부러 약간의 결함을 넣었다. 요리도 그림이나 도자기의 전철을 밟게 될 것이다. 언젠가 로봇이 만든 요리가 더 맛있고 저렴해지면 일부 요리사는 로봇이 아닌 인간 요리사가 직접 만든 수제품이니 정성을 봐 달라고 소비자에게 호소할지도 모른다.

아무리 고급 식당의 비싼 요리를 먹더라도 찾게 되는 음식이 있다. 바로 어머니의 손끝에서 나온 요리다. 고급 식당의 요리사가 어머니보다 요리를 못하진 않을 것이다. 하지만 많은 사람이 어머니의 요리에 향수를 지니고 있다. 그 맛의 비결은 어머니의 정성이라고 흔히들 이야기한다. 이때 정성이란 무엇일까? 자녀의 입맛에 맞게 끊임없이 요청을 받아 준 어머니의 노력이다. 아이가 짜다면 덜 짜게, 싱겁다면 간간하게, 맵다면 덜 맵게 하는 등 어머니는 아이의 입맛에 맞춰 주려 애쓴다. 어머니의 요리가 소울푸드가 되는 이유는 어머니의 오랜 노력과 소중한 추억이 담겨 있어서다.

나의 요리사, 나의 레인지

편의점에 가면 곧장 조리해 먹을 수 있는 즉석조리식품이 정말 많다. 간단하게 삼각김밥이랑 음료수로 끼니를 때울 수도 있지만 따뜻한 국물이나 컵라면과 곁들이면 더 좋다. 이때 국물이 있는 음식은 뜨거운 물을 넣고 기다리면 되고, 핫도그나 돈까스처럼 국물은 없지만 데워서 먹는 음식은 전자레인지를 사용하면 된다. 이렇게 편리하다 보니 요즘에는 식당이나 햄버거가게보다 편의점을 찾는 사람도 드물지 않다. 전자레인지는 편의점의 효용성을 높여 주는 일등공신인지도 모르겠다.

하지만 전자레인지로 음식을 가열하면 몸에 해로운 물질이 만들어진다거나 전자레인지로 가열한 음식을 먹으면 나쁜 콜레스테롤이 증가한다는 등 근거 없는 괴담 때문에 전자레인지를 꺼리는 이들이 있다. 하지만 걱정할 필요 없다. 인터넷에 떠도는 갖가지 전자레인지 괴담 중 사실로 증명된 것은 하나도 없다. 이러한 말이 사실이라면 이건 요리 기구가 아니라 살인 도구나 마찬가지다. 괴담을 만들어 내는 사람은 전자레인지의 마이크로파와 자연이 만들어 낸 마이크로파를 구분할 만큼 엉터리다. 즉 사이비 전문가다. 마이크로파는 인간이 만든 게 아니라 전자기파를 파장에 따라 구분한 전자기파의 하나이니 전자레인지 사용을 꺼릴 필요가 전혀 없다.

원적외선이나 마이크로파 모두 자연과 인공의 구분이 아니라 단지 전자기파를 파장에 따라 구분한 것일 뿐이다. 즉 진동수 300메가헤르츠MHz에서 300기가헤르츠GHz 사이, 파장으로는 1밀리미터에서 1미터 사이의 전자기파를 마이크로파 또는 극초단파라고 부른다. 자연에서 생긴 것이든 기계에서 만들어졌건 상관없이 그렇다.

물론 전자레인지가 편의점을 위해 탄생한 기계는 아니다. 전쟁의

	파장	진동수(Hz)
감마선	0.02nm 이하	15EHz 이상
엑스선	0.01nm ~ 10nm	30EHz ~ 30PHz
자외선	10nm ~ 400nm	30PHz ~ 750THz
가시광선	390nm ~ 750nm	770THz ~ 400THz
적외선	750nm ~ 1mm	400THz ~ 300GHz
마이크로파	1mm ~ 1m	300GHz ~ 300MHz
라디오파	1m ~ 100.000km	300MHz ~ 3Hz

전자기파의 파장과 진동수

부산물이라는 아픈 과거를 지닌 물건인데, 전자레인지에서 마이크로파를 생성하는 부품인 마그네트론이 적의 비행기를 탐지하기 위한 레이더 부품이었다. 2차 세계대전 당시 레이더를 시험하던 중 물의 온도를 높이는 성질이 있다는 게 알려지면서 전자레인지가 만들어졌다.

이제 전자레인지가 음식을 조리하는 원리를 알아보자. 전자레인지는 마그네트론에서 생성된 2.45기가헤르츠의 마이크로파로 음식물을 가열한다. 그런데 음식물이 건조하면 온도가 잘 오르지 않는다. 즉 음식물에 수분이 있어야 한다. 마이크로파가 물 분자를 진동시켜 음식물의 온도를 높이기 때문이다.

물 분자는 수소 원자 2개와 산소 원자 1개로 되어 있다. 수소 원자 쪽에는 양전하, 산소 쪽에는 음전하가 더 많이 퍼져 있어 물 분자는 전기적 성질을 지닌 극성 분자다. 따라서 마이크로파와 같이 전기장에 의해 끌려가거나 밀려가는 힘을 받는다. 그런데 마이크로파는 1초에 24억 5천만 번이나 방향을 바꾸며 진동하기 때문에 물 분자는 한쪽으로 움직이지 않고 '왔다갔다' 진동하게 된다. 물 분자가 진동할 때 주변에 있는 다른 분자와 부딪쳐 분자를 진동하게 만듦으로써 음식물의 온도가 올라간다. 사실 물 분자가 진동하면서 열이 발생한다고 말하는 것은 오해의 소지가 있다. 분자의 진동 그 자체가 열이기 때문이다.

전자레인지는 편리하지만 주의할 점이 있다. 알루미늄 포일이나

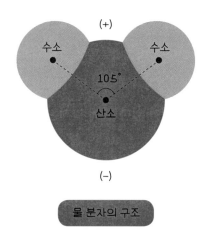

금속 재질의 용기를 넣어서는 안 된다는 것이다. 금속 테가 둘러진 찻잔을 깜빡하고 전자레인지에 넣고 돌리면 불꽃이 튀는 것을 볼 수 있는데, 빨리 꺼내지 않으면 그릇이 깨지고 불이 날 수도 있으니 주의해야 한다. 이는 금속에 있는 자유전자가 마이크로파를 흡수해 움직임이 활발해지면 날카로운 끝으로 몰리기 때문에 생기는 현상

> 자유전자: 원자핵과의 인력으로 원자 내에 묶여 있지 않고 원자 사이를 자유롭게 이동하는 전자. 금속이 전기 전도성을 가지는 것은 자유전자를 많이 가졌기 때문이다.

이다. 전자가 쌓이면서 공기 중으로 방전이 일어나 불꽃이 튀는 것이다. 전자레인지 벽면이나 유리문도 금속으로 되어 있어서 전자레인지에 아무것도 넣지 않은 채 작동시키면 과열될 수 있어 위험하다. 진정한 편리함은 안전 안에서만 누릴 수 있음을 기억하자.

토스터와
프라이팬

✖

열의 이동

학원 수업이 끝나고 나오면 어둑한 거리에서 토스트를
만들어 파는 푸드트럭이 반갑기 그지없다. 푸드트럭에서
갓 구운 따뜻한 토스트 맛은 정말 최고다.
한 끼를 해결하기 참 좋은 메뉴, 토스트를 맛있게
만들어 먹으려면 프라이팬에 버터를 골고루 바른 뒤
열을 가해 식빵을 구우면 된다. 그럼 부드럽고 고소한
맛이 난다. 하지만 급할 땐 그냥 토스터에 넣고 여닫개를
눌러야 한다. 잠시 지나면 노릇하게 구워진 빵이 툭 하고
올라온다. 노릇하게 구워진 구수한 냄새가 나는 식빵에
버터나 잼을 바르고 아삭한 양상추와 얇게 저민 토마토,
달걀프라이를 얹어 먹으면 정말 맛있다.
아, 침이 고인다.

맛있는 토스트 만들기

식빵을 구우면 갈색으로 변하면서 코끝을 간질이는 구수한 냄새가 솔솔 난다. 메일라드 반응Maillard reaction이라는 화학반응 때문이다. 1912년 프랑스의 생화학자 루이스 마이야르가 발견해서 프랑스식으로 발음해 마이야르 반응이라고도 한다.

메일라드 반응은 아미노산과 당류 때문에 일어나는 복잡한 화학반응으로, 반응이 진행되는 동안 음식물이 갈색으로 변하는 갈색화 반응의 하나다. 메일라드 반응으로 새로 형성된 물질 때문에 향미가 풍부해진다. 이는 곧 더 맛있어진다는 의미다. 음식이 대개 구우면 더 맛있어지는 것은 메일라드 반응 때문이라고 봐도 된다.

메일라드 반응이 일어나기 위해서는 160에서 180도 정도로 높은 온도가 필요하므로 삶는 요리에서는 일어나지 않는다. 또한 갈색화 반응은 갓 구운 빵을 더 맛있게 만들지만 사과의 갈변 현상과 같이 음식의 보관 중에 생기면 오히려 맛을 떨어뜨린다. 어쨌건 메일라드 반응을 일으키기 위해서는 높은 온도로 식품을 가열하는 조리기가 필요하다.

빵을 굽기 위해서는 토스터로 손쉽게 구울 수도 있고 앞서 추천했듯 버터를 칠한 프라이팬을 이용해 구울 수도 있다. 두 방식이 각각 다른 맛을 내기 때문에 취향에 따라 구워 먹으면 된다. 그렇다면 토스터와 프라이팬은 어떤 원리로 빵을 구울까?

토스터와 프라이팬은 열에너지를 공급하는 방식이 다르다. 토스터는 전기에너지에서 열을 얻지만 프라이팬은 가스를 연소시킨 가스레인지에서 열을 얻는다.

토스터가 빵을 구울 수 있는 것은 열을 내는 열선 때문이다. 빵이 구워질 때 빵 사이를 관찰해 보면 코일을 확인할 수 있다. 코일에 전류가 흐르면 전기 저항 때문에 코일에 열이 생겨 주황색으로 달아오른다. 전류가 흐를 때 코일에 열이 발생하는 것은 코일 속을 흘러가는 자유전자와 코일을 구성하는 원자 사이에 충돌이 일어나서다. 전자가 원자와 부딪칠 때 전자가 가진 에너지를 원자에 전달해 주면 원자는 더 빨리 진동하고 코일의 온도가 올라간다. 온도란 원자가 얼마나 빠르게 진동하는지 나타내는 척도다. 따라서 전자와 부딪친 원자는 빠르게 진동해 온도가 올라간다. 코일에 열이 나면 식빵은 노릇하게 구워지고, 시간 설정에 따라 위쪽으로 툭 하고 올라온다.

프라이팬, 단순하지만 단순하지 않다?

토스터에서 빵을 굽는 데 중요한 기능을 하는 것은 코일 속의 자유전자다. 프라이팬이 열을 잘 전달하는 것도 금속으로 이뤄진 팬 내부의 자유전자 때문이다. 금속의 자유전자가 열을 잘 전달하는 전도체가 되는 것이다. 물론 열을 공급하는 방식이 가스의 산화에 따른 것이므로 전기에너지로 열에너지를 일으키는 토스터와는 다르다. 또한 프라이팬은 식빵뿐 아니라 전이나 군만두를 만드는 등 지지거나 굽는 요리를 할 때 쓰는 다용도 조리기다.

프라이팬은 접시 모양의 냄비라고 생각하기 쉽지만 여기에는 다양한 기술이 숨어 있다. 프라이팬은 정말로 과학이다. 그러니 프라이팬 제조사에서 '○○ 코팅'이 되어 있다고 열심히 광고하는 것이다. 프라이팬 코팅을 워낙 강조하니 그와 관련해 전문적인 지식이 없는 사람도 코팅된 프라이팬만 찾는다. 대체 프라이팬에 무엇을 코팅한다는 것일까?

프라이팬을 코팅해야 하는 이유부터 살펴보자. 프라이팬은 토스터나 에어프라이어와 달리 식재료와 직접 접촉해서 열을 전달한다. 이때 식재료가 프라이팬에 눌어붙을 수 있다. 그래서 달걀을 부칠 때 달걀이 붙지 않게 하려면 먼저 프라이팬에 식용유를 둘러야 한다. 그러지 않으면 달걀이 구워지면서 프라이팬의 금속면과 화학반응을 일으켜 서로 결합한다. 이처럼 눌어붙는 것을 방지하기 위해 프라이팬에 코팅을 한다. 즉 코팅 프라이팬과 코팅이 없는 프라이팬은 음식물이 눌어붙는 정도에서 차이가 난다. 코팅이 없는 프라이팬은 기름을 충분히 두르지 않으면 팬에 음식물이 계속 눌어붙는 바람에 제때 뒤집기 힘들어 음식이 탄다. 하지만 프라이팬의 코팅은 음식과 프라이팬이 접촉하는 것을 막는다.

코팅의 종류는 다양하지만 가장 흔한 것은 테플론 코팅이다. 테플론Teflon은 폴리테트라플루오로에틸렌PTFE, polytetrafluoroethylene이

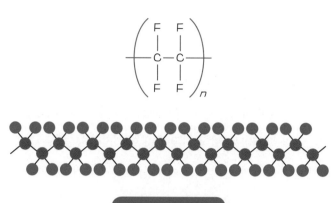

테플론의 화학구조

라는 화학물질의 상품명이다. 여기서 PTFE라는 이름의 화학적 의미를 살펴보면 물질의 구조를 간단히 알 수 있다. '폴리'라는 말은 하나mono가 아니라는 말이다. 단일한 구조의 분자가 2개 이상 연결되어 있을 때 폴리라는 접두어를 사용한다. 테트라플루오로에틸렌은 플루오로F 4개Tetra를 가진 에틸렌의 구조인 물질이라는 뜻이다. 위의 그림처럼 탄소 뼈대에 플루오로 4개가 붙은 구조가 PTFE이다.

이 물질이 중요한 이유는 어떤 물질과도 반응하지 않으려는 성질 때문이다. 어떤 물질과도 반응하지 않으므로 테플론 코팅을 하면 음식물이 눌어붙지 않는다. 원래 테플론은 원자폭탄을 만드는 설비에 사용되었다가 프랑스에서 알루미늄 팬에 코팅해 쓰면서 유명해졌다. 그 회사가 바로 '테플론+알루미늄'이란 뜻의 테팔Tepal이다. 테플론은 프라이팬 코팅뿐 아니라 등산복 등 여러 물체에 다양하게 활용되고 있다.

그렇다고 테플론 코팅이 만능은 아니다. 쓰다가 코팅이 벗겨지면 요리할 때 음식이 눌어붙거나 팬의 금속이 녹아 나올 수도 있다. 그러므로 강철 수세미는 절대 사용하면 안 되고 부드러운 수세미로 살살 문질러 닦아야 한다. 이렇게 조심해도 조금씩 코팅이 벗겨지므로 흠집이 생기지 않았는지 잘 살펴보면서 6개월에서 1년 정도 쓰고 교체하는 게 좋다.

달고나의
달콤한 추억

✖

화학변화

7080세대에게 달고나 또는 뽑기는 추억의 과자일 뿐
아니라 행복을 상징한다. 먹을거리나 군것질거리가
충분하지 않던 시절에 동네 놀이터나 문방구 앞에서
연탄불을 피워 놓고 유혹하던 달고나는 달콤함 이상의
것이었다. 길거리 상인은 달고나를 별이나 오징어
등 다양한 모양으로 찍어서 팔았다. 모양대로 떼서
가져가면 하나를 더 먹을 수 있기에 옷핀 끝에 침을
묻혀서 모양대로 열심히 긁곤 했다. 요즘은 완제품으로
팔기도 하고 집이나 학교에서 요리 체험이나 과학
실험으로 많이 하는 평범한(?) 간식이 되었지만,
그래도 여전히 맛있다!

가열하면 무엇이 달라질까?

달고나는 설탕을 가열해 녹인 뒤 소다를 넣고 저으면 만들 수 있다. 여기서 중요한 것은 소다의 양과 가열 정도다. 소다를 너무 많이 넣고 가열하면 달고나가 금방 타고, 양이 너무 적으면 딱딱해진다. 설탕이 맛있는 달고나가 되는 과정에는 어떤 원리가 숨어 있는 것일까?

달고나를 만들기 위해 설탕을 국자에 넣고 가열하면 서서히 녹는다. 모든 물질은 열을 받으면 특정 온도에서 녹는데 이를 녹는점 어는점이라고 한다. 설탕의 녹는점은 185도다. 온도가 올라가면 국자와 맞닿은 부분부터 서서히 녹는데 소다를 넣지 않고 계속 가열해 온도가 200도를 넘어서면 갈색 캐러멜로 변한다. 캐러멜 상태의 액체 설탕설탕을 물에 녹인 게 아니므로 설탕 용액이 아니다.에 소다를 넣지 않고 식혀서 굳히면 갈색의 투명한 설탕 과자가 만들어진다. 식혀서 굳히는 과정에서 다양한 틀에 넣으면 큰 칼, 잉어, 거북선 등 여러 모양으로 만들 수 있다.

이처럼 달고나에 사용된 방식이 오늘날에는 설탕 공예에 쓰이기도 한다. 설탕은 녹았을 때 점성이 있어 다양한 모양으로 만들기 좋고, 녹는점이 높지 않아 취급하기도 좋아서다.

재미있는 것은 흰 설탕을 녹이면 투명하게 된다는 점이다. 설탕이 캐러멜화 될 때 결정이 사라지고 비결정화되기 때문이다. 비결정화를 다른 말로 '유리화' 된다고 표현한다. 유리가 투명한 것도 결정이 아니라 비결정화되어 있기 때문이다. 결정화된 물질은 결정 표면에서 반사가 일어나지만 비결정성 물질은 결정 표면이 없어 반사가 일어나지 않아 투명하게 보인다.

설탕 과자를 만들 게 아니라면 설탕이 녹았을 때 소다를 넣어야 한다. 소다는 탄산수소나트륨이라고 부르며 화학식은 $NaHCO_3$이다. 탄산수소나트륨의 재미있는 성질은, 가열하면 쉽게 분해된다는 것이다. 즉 열분해라고 부르는 화학반응 과정을 통해 다른 물질로 변한다. 탄산수소나트륨은 가열하면 탄산나트륨과 이산화탄소, 물로 열분해된다. 화학반응식으로 나타내면 다음과 같다.

$$2NaHCO_3 \longrightarrow Na_2CO_3 + H_2O + CO_2$$

요리는 맛있는 화학변화다!

이제 달고나의 맛을 한번 따져 보자. 달고나는 분명 설탕 맛과 다르다. 설탕을 녹인 뒤 캐러멜화 반응이 일어나기 전까지는 단지 설탕이 녹은 것일 뿐이지만 캐러멜화 반응이 일어나면 특유의 향과 맛이 난다. 설탕과 탄산수소나트륨이 화학변화를 통해 다른 물질로 변했기 때문이다. 이처럼 원래의 물질과 다른 성질을 지닌 물질로 변하는 반응·화학반응을 화학변화라고 한다. 따라서 요리를 과학적으로 표현한다면 '맛있는 화학변화'라고 할 수 있다. 식재료가 가진 성질과 맛을 화학변화를 통해 새롭게 만들어 내는 일, 그게 바로 요리다.

요리에 화학변화만 있는 것은 아니다. 물리변화도 있다. 야채를 채썰거나 과일을 즙을 내면 재료 원래의 성질과 성분을 그대로 지니고 있기에 물리변화다. 채썰기는 큰 것을 작게 썰었을 뿐이니 고체 상태가 그대로 유지되어 변화라고 하긴 어렵다고 생각할지 모르지만 어쨌건 모양이 변했으니 물리변화다. 사실 요리에서 물리변화는 화학변화를 일으키기 위한 보조 수단이라고 할 만큼 화학변화가 더 중요하다.

다시 달고나로 돌아오자. 달고나에 화학변화가 지나치게 일어나면 어떻게 될까? 시커멓게 타고 만다. 이렇게 음식이 검게 타는 것은 <u>유기물</u> 속에 있는 탄소 성분 때문이다. 열분해가 계속 진행되면 결국 탄소만 남기 때문에 일어나는 현상이다. 수소나 산소 성분은 수증기가 되어 빠져나가 냄비에는 남지 않는다.

> 유기물: 탄소를 포함한 화합물. 생물에서 유래한다고 생각했기에 '유기물'이라는 이름이 붙여졌다. 이산화탄소나 일산화탄소 등 일부 화합물은 무기물로 분류한다.

요리에서 이용하기 가장 쉽고 흔한 화학변화는 열이다. 즉 화학반응을 일으키는 데는 열이 가장 일반적인 에너지 공급원이다. 열에너지는 분자 사이의 화학결합을 끊는 데 사용되며 분해된 물질들은 다른 물질과 화학결합을 통해 새로운 물질이 된다.

오해하면 안 되는 것은 '새로운 물질'이라고 하면 새로운 분자가 생겼다는 의미지, 새로운 원소가 생겼다는 뜻은 아니다. 원래 있던 원자들의 배열이 달라지면 전혀 다른 성질의 물질이 생성된다는 것이다. 마법 같은 일이다. 설탕이나 달고나, 시커멓게 탄 달고나 속에 들어 있는 탄소 원자는 같고 우리 몸속에 들어왔을 때 하는 일도 같다. 하지만 누구나 알듯 탄 음식을 먹으면 몸에 해롭다. 같은 탄소 원자인데 왜 다른 성질을 지닐까? 물질의 성질은 원자가 아니라 분자가 지니기 때문이다. 같은 탄소라도 설탕 분자 속의 탄소와 탄 음식 속의 탄소가 구성하는 분자가 다르기에 몸속에서 일으키는 반응도 다르다.

이처럼 물질이 자신의 성질을 그대로 지니고 상태만 변하는 물리변화와 달리 화학변화는 성질이 달라진다. 그중에서도 맛있고 유용한 분자를 생성하는 가장 일반적인 방법이 바로 가열이다. 요리 방법을 한번 보라. 찌기, 삶기, 굽기, 튀기기, 끓이기 등 열과 관련되지 않는 요리법은 거의 없다.

✖
맛있는
실험

달고나를 만들자! 낡은 국자에 설탕을 넣고 녹여 보자. 탄산수소나트륨을 넣지 않고 만들었을 때 설탕은 원래의 흰색이 아니라 갈색을 띠며 향기도 난다. 이번에는 설탕을 녹인 다음 탄산수소나트륨을 넣어 보자. 많이 넣을수록 달고나는 쓴맛이 나고 성글다. 탄산수소나트륨이 열분해되면서 더 많은 기포를 형성해 성글어지는 것이다.

진짜와 가짜의 차이

'부모 자식 간에도 속이는 게 꿀'이라는 말이 있다. 꿀은 워낙 가짜가 많아서 이런 말이 생겼다. 심지어 '가짜 꿀 감별법'을 강의하면서 가짜 꿀을 파는 상인도 있어서 일반인이 진짜 꿀을 사기가 매우 어렵다.

곰곰이 생각해 보면 꿀뿐만 아니라 주변에 가짜가 넘쳐 남을 알 수 있다. 음료수 병을 보자. '진짜 과즙을 갈아 넣은', '진짜 천연 재료 사용', '진짜 직접 짠' 등등. 이 말은 자사의 제품은 진짜이며 다른 제품은 모두 가짜라는 뜻일까? 이런 식으로 가짜 제품이 많이 유통되고 있다고 노골적으로 밝힐 만큼 우리 주변에는 가짜가 넘친다. 아마도 인류가 서로 거래를 시작하자마자 가짜가 유통되었으리라고 봐도 될 것이다.

가상현실은 현실이 아니라 현실처럼 느끼도록 만든 가짜이며, 가상현실과 현실을 구분하는 것은 어렵지 않다. 그래서 우리는 진짜와 가짜를 구분하기 어렵지 않다고 여긴다. 하지만 식품이라면 이야기가 달라진다. 해마다 원산지를 속이는 식재료가 유통되면서 원산지 표기를 의무화하고 이를 어기면 법적인 제재를 하기에 이르렀다.

동서고금을 막론하고 가짜 식품이 등장하지 않았던 시대는 없었다. 원산지 표시를 거짓으로 하거나 이를 헛갈리게 만든 게 대표적이었고, 가공품을 만들 때는 재료의 원산지를 확인할 수 없으니 재료를 속이는 일도 드물지 않았다.

식품 자체에만 진짜와 가짜가 있는 것도 아니다. 식품 정보도 가짜가 넘쳐 난다. 인터넷에는 식품에 대한 가짜 정보가 쏟아지고 서점에서는 가짜 전문가의 책이 엄청난 인기를 끈다. 불량식품이 매력적이고 입맛을 당기듯 가짜 식품 정보는 진짜보다 훨씬 흥미롭고 자극적이다. '우리 가족의 건강을 지키기 위한 정보'라는데 어떤 사람이 혹하지 않을까? 어렵고 해석하기 힘든 논문을 하나씩 뒤지며 정보를 찾기보다 출처가 불분명한 경험담이 훨씬 공감하기 쉽고 와 닿는 것은 어쩔 수 없는 일이다. 그래서 가짜 정보는 넘쳐나고 진짜 지식은 외면받는다.

식품이나 약에 대해서는 개인의 경험이 곧 근거가 될 수는 없다. 같은 음식이나 약이라도 사람에 따라 다른 효과를 나타낼 수 있어서다. 또한 사람의 경험담은 왜곡되거나 잘못 생각할 가능성이 커서 과학적인 데이터로 부적합하다. 즉 누군가 먹고 효과를 봤다고 해서 내가 먹어도 효과를 낼 수 있는 근거가 될 수는 없다. 반대로 누가 먹고 부작용이 있었다고 해서 나도 반드시 부작용이 생긴다고 볼 수도 없다. 따라서 안전하고 즐거운 식생활을 위해서는 가짜 정보와 진짜 정보를 구분할 수 있는 능력을 키워야 한다. 워낙 많은 가짜 정보가 흘러넘치기에 하나하나 거론하기는 어렵다. 식품에 대한 불량 지식을 몰아내기 위해 노력하는 최낙언의 책과 사이트www.seehint.com, 고든이라는 필명으로 유명한 정주영의 글을 읽어 보길 추천한다.

불을 지배하는 자

7. 일요일

일식, 양식, 중식. 뭐가 좋을까?

한 주간 쌓인 피로를 풀고 다음 주를 준비해야 하는 일요일.
집에서 뒹굴뒹굴하고 있는데 가족들이 외식하러 나가자고
한다. 나도 모르게 몸이 벌떡! 벌써 어디선가 고기 굽는
냄새가 나는 것 같다.

초밥과
식초

✖

산

회 맛을 제대로 아는 사람은 회를 간장과 고추냉이에
찍어 먹는다고 한다. 하지만 뭐 어때? 고추장과 식초,
설탕을 섞어 만든 초고추장에 회를 찍어 먹어도 맛만
좋다. 특히 오징어회나 문어회를 초고추장에 찍어서
먹으면 새콤하고 매콤하니 맛있다. 단촛물을 섞은 밥에
회를 올려 만든 초밥이 맛있는 건 두말하면 잔소리!
뿐만 아니라 우동과 함께하는 새콤한 유부초밥도
맛있다. 비싼 회가 아니면 어때? 중국집에서 단무지에는
식초 몇 방울을 떨어뜨려 짜장면과 함께 먹으면 맛만
좋다.
이처럼 새콤한 요리에는 모두 식초가 들어간다. 이토록
감칠맛 나는 신맛, 즉 산의 맛을 내는 게 바로 식초다.

생선에서는 원래 비린내가 난다?

생선가게 앞을 지나거나 집에서 생선 요리를 할 때 생선에서는 비린내가 나며, 화장실 소변기에서는 지린내가 난다. 그래서 비린내는 생선을, 지린내는 소변을 상징하는 냄새처럼 여기곤 한다. 그리고 꽃향기와 같이 향기로운 분자들로 만들어지는 향기는 농도에 상관없이 늘 향기로우며, 나쁜 냄새를 풍기는 분자는 언제나 악취로 느껴진다고 생각하기 쉽다. 하지만 이러한 생각은 학습에 따른 고정관념일 뿐이다.

사람들은 싱싱한 회 맛을 즐기기 위해 바닷가로 달려가 어선에서 바로 잡은 생선을 먹으려고 한다. 이때 바닷가에서 갓 잡은 생선을 회로 먹어 보면 비린내가 나지 않는다. 비린내는 생선의 근육 속에 포함되어 있는 산화트라이메틸아민trimethylamine oxide이 환원되어 생긴 트라이메틸아민trimethylamine 때문에 난다.

물고기가 죽으면 대여섯 시간 내에 사후경직이 일어나고 효소

> 산화와 환원: 산화와 환원을 정의하는 방법은 여러 가지다. 첫째, 물질이 산소를 얻는 반응이 산화고 산소를 잃는 반응은 환원이다. 둘째, 물질이 수소를 잃는 반응이 산화고 수소를 얻는 반응은 환원이다. 셋째. 물질이 전자를 잃으면 산화고 전자를 얻으면 환원이다.

반응과 세균의 번식 때문에 트라이메틸아민이 생겨난다. 그래서 신선한 생선일수록 트라이메틸아민이 적으며, 사람이 이 냄새를 싫어하는 것도 바로 부패의 척도이기 때문이다. 이러한 반응을 억제하기 위해 갓 잡은 생선은 냉동 보관해 육지로 보낸다. 간혹 회를 먹

을 때 트라이메틸아민을 중화시키려 레몬을 뿌리기도 하는데, 신선한 생선이라면 레몬을 뿌리지 않아야 제맛을 즐길 수 있다.

마찬가지로 인체에서 바로 나온 소변에는 지린내가 나지 않는다. 소변의 성분을 보면 쉽게 알 수 있는데, 소변은 물이 90퍼센트 이상이고 요소와 미량의 요산, 아미노산, 무기염류 등으로 구성되어 있다. 바로 미량의 아미노산 때문에 그리 싫지 않은 냄새가 난다. 그래서 오줌에 대한 고정관념이 없는 문명권에서는 이를 마시거나 양치하는 데 쓰는 등 여러모로 활용한다. 게다가 건강한 사람의 오줌은 완전한 무균 상태라서 마셔도 아무 탈이 없다. 그래서 조난당한 사람은 소변을 마시면서 오랜 시간 버틴다.

이와 달리 소변기나 전통 화장실에서 지린내가 나는 이유는 세균에 의해 요산이나 아미노산이 분해되는 과정에서 암모니아와 황화수소가 발생해서다. 따라서 수세식 화장실의 문에 적힌 '한 걸음 가까이 다가오세요'라는 문구는 소변이 소변기 주변으로 튀면 세균 때문에 지린내로 변할 수 있다고 경고하는 말이다.

방귀도 마찬가지다. 채식을 주로 하고 비피더스균과 같이 좋은 균이 지배하는 건강한 장은 대변을 신속하게 내보내 방귀 냄새가 독하지 않다. 건강한 장에서 만들어진 방귀는 질소가 가장 많고 이산화탄소와 수소, 산소로 구성되어 있다. 구린 냄새의 원인인 황화수소와 스카톨, 인돌 성분은 조금밖에 없다. 방귀 냄새가 지독해지는 이유는 장내에 웰치균과 같이 해로운 균이 번성하거나 동물성

단백질을 많이 먹고 변비가 생기는 등에 달렸다. 그래서 방귀 냄새로도 장의 건강 상태를 추측할 수 있다.

냄새를 향기와 악취로 구분하는 것은 쉽지 않다. 사람과 문화에 따라 향기나 악취에 대한 기준이 바뀌기도 하는 데다 원인은 밝혀지지 않았지만 같은 물질이라도 농도에 따라 악취가 향기로 바뀌기도 한다. 대표적인 게 똥내의 주범인 인돌인데, 인돌은 매우 낮은 농도에서는 꽃 냄새로 느껴진다. 때문에 향수의 성분으로 자주 쓴다. 향수로 유명한 사향도 고농도에서는 지독한 냄새로 돌변하며, 심지어 인체에 해로운 오존은 아이러니하게도 농도가 낮으면 상쾌하게 느껴진다.

톡 쏘는 초밥과 식초

중국집에서 짜장면을 시키면 으레 따라 나오는 단무지. 그냥 먹기도 하지만 식초를 뿌려서 먹기도 한다. 식초를 뿌리면 훨씬 새콤하고 톡 쏘는 느낌이 든다. 중국집뿐만 아니라 일식집의 초밥에서도 식초의 새콤함을 느낄 수 있다. 초밥이라고 할 때 초醋는 식초食醋를 의미하는 말이다. 식초는 화학적으로 보면 아세트산acetic acid을 희석시켜 놓은 것으로, 화학식은 CH_3COOH이다. 식초를 뿌리면 새콤한 냄새와 함께 코 속에서 톡 쏘는 느낌을 받는데, 이는 식초의 맛과 향 때문이다. 새콤함이나 신맛은 산의 맛이다. 즉 음식물 속에

들어 있는 수소 이온의 맛이다. 신맛이 나는 물질은 그 속에 거의 수소 이온이 들어 있다. 산의 맛이 신맛이기 때문이다. 특히 식초의 휘발성 분자는 코의 **상피세포**를 자극하므로 특유의 향을 느낄 수 있다. 시큼한 맛은 식초 속 산의 | 상피세포: 동물의 몸 내외부의 표면에 분포하는 세포. 피부나 털, 입 안, 장기 표면 등의 세포가 상피세포이며 몸을 보호하는 기능을 한다.

맛이지만 사실은 코로 느끼는 맛이 더 강한 물질인 셈이다.

최근에는 건강이나 다이어트에 좋다는 이야기가 번지면서 식초에 대한 관심이 무척 높아졌다. 더불어 식초에 대한 정확하지 않은 정보가 많이 떠돌아 고발 프로그램에서 이를 다루기도 했다. 우리도 식초에 대해 좀 더 알아보자.

시중에 유통되는 식초는 크게 합성식초와 양조식초로 나뉜다. 합성식초는 공업적으로 합성된 빙초산을 원료로 만든다. 빙초산은 온도가 낮을 때는 고체 상태로 있는 초산이라는 의미로 붙인 이름이다. 빙초산을 물에 희석해 빙초산 비율을 4퍼센트 정도로 만들면 합성식초가 된다.

빙초산 자체는 자극적이라 피부에 닿으면 상처를 일으키므로 주의해서 사용해야 한다. 자칫 농도를 잘못 맞추면 위장에 출혈을 일으킬 만큼 위험한 물질이다. 하지만 일부 식당에서는 희석하면 큰 문제를 일으키지는 않는다는 이유로 많이 쓴다. 그렇다고 몸에 좋다는 의미는 절대로 아니다. 사실 빙초산은 공업용으로 많이 써서 공업용 식초라 불리며, 외국에서는 식초로 쓰는 것을 금지한다. 어쨌건 식초의 주성분인 초산이 들어 있다는 것은 분명하다.

최근에는 소비자의 수준이 높아져 양조식초도 주정식초와 천연발효식초로 구분한다. 그런데 이 구분은 조금 웃긴다. 주정식초나 천연발효식초나 초산균의 발효로부터 초산을 얻는다는 것은 같아서다. 그런데도 사람들이 천연발효식초를 찾는 것은 초산 때문이 아니다. 천연발효식초는 감이나 사과처럼 과일을 직접 발효시켜 식초를 얻는다. 자연히 초산 외의 부산물이 풍부하게 들어 있을 수밖에 없다. 이 부산물 속에 미네랄이나 비타민과 같은 몸에 유용한 성분이 들어 있다는 것이다. 초산 외의 부산물 때문에 천연발효식초가 더 몸에 좋다고 주장한다면 충분히 가능한 이야기다. 하지만 아세트산 분자 자체는 합성이나 천연이나 같다. 주정식초는 알코올을 초산균으로 발효시킨 것이니 초산 말고 다른 게 있을 리 없다. 따라서 첨가물을 넣어 원하는 향미를 가질 수 있도록 만든 것이다.

거듭 강조하지만 합성 분자와 천연 분자를 구분할 방법은 없다. 같은 분자라면 모든 면에서 같으며 과학적으로 구분할 방법은 없다. 식초 문제에서도 제조 과정에서 다른 물질이 첨가되면서 맛과 가격에 차이가 난 것뿐이다. 물론 나도 어느 식초를 쓸지 묻는다면 천연발효식초를 선택할 것이다. 다만 주정식초는 맛과 영양 성분이 조금 부족할 뿐 두려워할 필요가 없다는 것이다.

레스토랑에서 즐기는
요리의 과학

✖

열에너지

숯불구이 식당이나 이탈리안 레스토랑에서 고기
요리를 먹어 보면 맛이 각각 다르다. 다른 부위의
고기를 사용해서 그럴 수도 있지만 고기 외에 첨가물의
종류도 다르고 요리하는 방법도 달라서 그렇다. 맛은
상대적이므로 어떻게 요리하는 게 가장 맛있다고 말할
수는 없다. 하지만 고기를 요리하는 데 흔히 사용하는
몇 가지 원리는 있다. 무엇보다 중요한 것은 불!
철판 요리점에 선보이는 화려한 불 쇼가 아니더라도
어느 식당이나 요리의 기본은 역시 불이다.
화르륵!

불을 지배하는 자

고기를 맛있게 먹는 가장 손쉬운 방법은 굽는 것이다. 야외에 놀러가 숯불을 피워 놓고 고기를 구워 먹는 것을 싫어하는 사람은 드물다. 싫다는 사람도 구이 요리를 싫어하는 게 아니라 불에 직접 요리했을 때 몸에 해로운 발암물질이 생성될 수 있다는 점을 부담스러워 하는 경우가 많다. 이를 제외하면 숯불구이를 피할 이유가 딱히 없다. 그만큼 고기를 직접 불에 구우면 맛있다.

직접 불에 구워 고기가 140도 이상 올라가면 고기의 아미노산과 당류에 의해 풍미가 더해지는 메일라드 반응이 일어난다. 숯불이나 장작으로 구우면 훈연 향까지 더해진다. 고기가 구워질 때 나는 특유의 향미로 식욕을 돋우려면 고기는 구워야 한다. 물론 갖가지 재료도 고기의 향미를 돋우기는 하지만 불이 고기를 완전히 다른 음식으로 변신시키는 것은 분명하다.

이처럼 불 때문에 고기가 달라지니 고기를 구울 때는 열이 전달되는 것을 잘 고려해 구워야 한다. 자칫하면 겉은 타고 속은 생고기인 암담한 상태에 처할 수 있다. 무조건 빠르게 익히려다가 화력이 좋은 가스버너나 숯을 잔뜩 넣은 화로를 사용할 때 이런 일이 생긴다. 불이 너무 세면 고기 표면은 익지만 내부까지 열이 전달되지 않아 속은 익지 않는 것이다. 그래서 처음에는 불을 최대로 세게 해불판의 온도를 충분히 높인 뒤 고기가 어느 정도 구워졌다 싶으면 불을 살짝 낮춰 내부까지 열이 전달되는 시간을 가늠해야 한다. 즉 열의 전달 속도보다 표면에서 구워지는 시간이 너무 빠르면 안 된다는 이야기다.

그러므로 고기를 구울 때는 고기의 열전도도를 생각해야 한다. 열전도도는 물질의 특성에 따라 달라지므로 고기의 종류, 부위에 따라 다르다. 하지만 같은 고기라면 고기 표면에서 내부로 열이 전달되기까지 고기 두께의 제곱에 비례하는 만큼의 시간이 걸린다. 예를 들어 5밀리미터 두께의 돼지고기를 굽는 데 3분이 걸렸다면 1센티미터 두께의 고기는 6분이 아니라 12분이 걸린다.

따라서 고깃집에서 대패로 밀듯 고기를 얇게 내놓는 것도 판매를 높이는 좋은 전략이다. 대패 삼겹살처럼 아주 얇게 썰면 고기가 빨리 익을 테니. 하지만 얇은 고기는 너무 빨리 익는 바람에 질겨지거나 딱딱해질 수 있어서 재빨리 구워 먹지 않으면 고기의 육즙과 질감을 느끼지 못한다.

고깃집에 가보면 돌로 된 불판을 사용하는 곳도 있는데, 돌로 된 불판은 고기가 잘 들러붙지 않는다는 장점이 있다. 식당에서 사용하는 불판 중에 테플론 코팅 제품은 보기 어렵다. 주로 돌로 만든 것이나 돌가루를 코팅한 제품 또는 솥뚜껑 모양의 주물로 된 불판을 사용한다. 가벼운 석쇠를 사용하는 곳에서는 불판의 가격이 저렴해 자주 교체해 주기도 한다. 한편 두꺼운 돌판은 열을 일정하게 전달하고 불을 꺼도 한동안 열을 공급해 고기가 식는 것을 막는다.

어쨌건 고기를 속까지 빠르게 익히려면 고기의 두께를 얇게 하거나 표면적을 늘려야 한다. 두꺼운 삼겹살이라면 어느 정도 익었을 때 먹기 좋은 크기로 잘라서 구워야 조금 더 빨리 익힐 수 있다. 고기를 자르면 표면적이 늘어나기 때문이다. 마찬가지로 벌집 삼겹살에서 벌집 모양의 자국을 내는 것도 불판과 맞닿는 면적을 늘려 더 빠르게 고기를 익히는 방법이다.

굽거나 삶거나

불을 사용하는 곳이 숯불구이 식당만은 아니다. 철판 요리를 하는 식당에서는 술을 뿌리고 불을 붙여 화려한 불 쇼를 보여 주기도 한다. 요리에 불을 지르면 타지 않느냐고? 그럴 수도 있지만 대개 안전하다. 요리에 뿌리는 술 속의 알코올 에탄올은 끓는점이 약 78도로 프라이팬에 뿌리면 쉽게 기화한다. 이때 불을 붙이면 음식의 표면에 불이 붙어 탈 뿐 내부까지는 열이 거의 전달되지 않는다. 따라서 술을 뿌리고 불을 붙이면 식재료의 표면만 살짝 그을릴 뿐이다. 이러한 요리 방식은 볼거리를 주는 동시에 향미를 떨어뜨리는 잡내를 없앤다.

고기 요리법이 굽는 게 전부는 아니다. 보쌈가게에서는 고기를 삶아서 낸다. 물에 삶았다고 해서 수육이라고 부른다. 고기 삶는 과정을 관찰해 보자. 40도 이상의 온도가 되면 고기 속의 단백질은 변성되기 시작해서 60도가 되면 분홍색을 띤다. 완성된 보쌈의 돼지고기 수육을 자세히 보면 식빵처럼 가장 바깥쪽 부분은 밝은 갈색을 띠고, 내부로 가면 회색을 띤다. 온도에 따라 고기가 다른 색을 띠기 때문이다. 즉 가장 바깥쪽에 있는 고기는 끓는 물에 바로 닿아서 거의 100도까지 올라간다. 고기는 80도 이상이 되면 연한 갈색을 띠는데, 계속 가열해도 고기 속으로 들어갈수록 열이 잘 전달되지 않아 온도는 낮아진다. 결국 안쪽의 회색을 띤 부분은 70에서 80도 사이에서 익은 고기다. 계속 가열하면 내부까지도 색이 점점 진해지겠지만 고기가 적당히 익었는데도 가열하는 것은 연료 낭비다. 고기가 질겨져 식감이 떨어진다는 게 더 문제겠지만. 이처럼 물속에서 끓여 내는 요리는 물의 온도가 100도를 넘기지 못하므로 일정한 온도로 조리할 수 있다.

이밖에 국물을 먹는 요리도 있다. 물이 훌륭한 용매로 재료에서 다양한 성분을 녹여 뽑아내는 능력을 지니고 있어 가능한 일이다. 물에 다양한 재료를 넣고 가열해 여러 가지 성분을 뽑아낸 것을 국이라고 부른다. 그렇다고 수용성인 것만 국은 아니다. 지방은 실온에서 고체 상태라도 온도가 높아지면 액체 상태가 된다. 지방은 물과 섞이지 않지만 가열되면 녹아서 흘러나온다. 그래서 곰탕이나 고깃국이 식으면 국 표면에 기름이 끼는 것이다.

열의 전달 방법에 따라 요리법도 달라진다. 재료의 표면만 익혀도 먹을 수 있는 소고기나 채소는 불에 직접 구워도 된다. 하지만 식재료는 대개 열전도도가 낮아서 불에 직접 구우면 겉면은 타지만 속은 덜 익을 수 있다. 그래서 햄버거 패티에 사용하는 다진 고기 같은 재료를 직접 불에 굽는 것은 삼가야 한다. 겉은 노릇하게 구워져도 속은 익지 않아 미생물이 죽지 않고 그대로 남을 수 있다. 그래서 '동그랑땡'과 같은 다진 고기 요리를 할 때는 낮은 불에서 천천히 익혀서 속까지 열이 전달되도록 해야 한다.

억울한
MSG

✖

화학식

몇 년 전만 해도 MSG는 화학조미료의 상징과도 같았고
천연조미료를 넣었다는 식품에는 'NO MSG'라는
글자가 자랑처럼 붙었다. 최근에는 이러한 열풍이 조금
식어서 식품 포장지에 커다란 글자로 표기된 'NO MSG'
문구가 그리 주목을 받지 못한다. 한때 MSG를 넣지
않는다는 것은 곧 자연주의를 내세우는 것이었고, 예능
프로그램에서 'NO MSG'라고 하는 것은 연출하지 않은
있는 그대로의 이야깃감과 웃음을 의미했다. 여전히
'NO MSG'는 자연주의나 건강한 식품을 의미하는
것은 틀림없으며 오히려 그러한 의미가 이제는 완전히
굳어졌다. 그런데 요새는 왜 'NO MSG'를 강조하지
않는 것일까?

MSG는 무죄일까?

MSG를 둘러싼 논란을 살펴보기 전에 우선 MSG가 무엇인지부터 알아보자. MSG는 L-글루탐산일나트륨monosodium L-glutamate의 머리글자로 나트륨 원자 1개와 글루탐산 분자가 결합한 것이다.

MSG를 멀리해야 한다고 주장하는 사람은 아마도 "MSG가 화학적으로 합성되어 사람의 몸에 이롭지 않아 여러 가지 문제를 일으킬 수 있다"라고 말할 것이다. 그렇다면 이 주장을 하나씩 뜯어보자. "화학적으로 합성"이라는 말은 공장에서 화학적 공정을 거쳐 합성했다는 의미로 사용되지만 사실 MSG는 천연재료인 사탕수수에서 추출해 만든다. 단지 공장에서 만들었다고이것도 비난거리가 될 수 있다면 비난할 수는 있겠지만 화학적이라는 이유로 MSG를 공격할 수는 없다는 말이다. 사실 세상 모든 물질이 화학물질로 이뤄져 있으니 그도 이유가 되지 못한다. 두 번째로 "사람의 몸에 이롭지 않다"라는 것이나 "여러 가지 문제를 일으킬 수 있다"라는 식의 표현은 그 물질이 해롭다는 확실한 근거를 찾지 못했다고 보면 된다. 명확한 근거를 대지 못하고 이런 식으로 얼버무리는 것은 과학적 증거가 없다는 뜻이다. 근거가 있다면 근거를 대면 그만이다.

그렇기에 항상 MSG가 해롭다고 주장하는 사람은 일상생활에서 사람이 도저히 먹을 수 없을 만큼 많은 양을 먹어야 나타날 수 있는 부작용을 근거로 내놓는다. MSG를 엄청나게 먹었을 때 나타날 수 있는 부작용이 어떻게 MSG가 해롭다는 근거가 될까? 건강을 생각해서 먹는 건강보조식품도 하루 섭취 권장량이 있다. 그런데 어떤 사람이 건강해지고 싶은 욕심에 너무 많이 먹었을 때 어떻게 될까? 그때도 건강에 보탬을 주는 식품이라 말할 수 있을까? 지나치게 먹어도 해롭지 않은 물질은 세상에 없다.

기간의 문제도 마찬가지다. 장기간의 연구로 해롭지 않음을 입증하지 못했으니 '해로울 수 있다'는 것이다. 맞다. 그럴 수 있다. 하지만 해롭다는 주장을 하고 싶다면 주장하는 사람이 입증을 해야 한다. 20년 동안 조사했는데도 단 한 차례의 부작용 사례가 없었는데, 30년 또는 50년으로 기간을 늘여 부작용이 나올 때까지 조사해야 한다고 주장하면 결코 안전성을 증명할 수 없다.

많은 사람이 '사전 조치의 원칙'을 들어 해로울 수 있는 물질이 유통되는 것을 막아야 한다는 주장에 공감을 드러낸다. 맞다. 미리 막을 수 있는 사고라면 막아야 한다. 하지만 안타깝게도 그 무엇도 완전히 안전하다고 증명할 수는 없다.

이것은 '모든 백조는 희다'라는 명제를 증명하는 것과 같다. '모든 백조가 흰 것은 아니다'라는 명제는 단 한 마리라도 흰색이 아닌 백조를 발견하면 증명할 수 있다. 하지만 모든 백조가 희다는 것을 증명하려면 세상의 모든 백조를 조사해야 한다. 그것으로 끝이 아니다. 앞으로 태어날 백조까지 모두 조사해야 한다. 앞으로 태어날 백조 중 흰색이 아닌 백조가 태어날 가능성이 없다고 장담할 수 없으니 말이다. 따라서 '모든 백조가 희다'라는 명제는 사실상 증명이 불가능하다. 따라서 어떤 음식이 몸에 이롭다는 것보다 해롭지 않음을 입증하기가 훨씬 어렵다.

억울한 것은 또 있다

해롭지 않다는 것을 증명하기 어렵다고 안전하다는 뜻은 아니다. 먹고 금방 몸에 이상이 일어나는 급성 독성 물질도 있지만 오랜 시간이 지나야 이상이 나타나는 만성 독성 물질도 있어서다. 일반적으로 식품은 매일 먹어야 하고 먹는 양이 많아서 약과 달리 급성 독성이 나타나는 물질이 없을 것 같지만, 그렇지 않다. 식품첨가물임에도 급성 독성을 나타내는 물질이 많다. 급성 독성을 나타낸다고 독극물이라는 뜻은 아니다. 우선 독성을 구분하는 기준부터 살펴보자.

앞서 딜레이니 조항과 관련해서도 언급했지만, '단 한 분자도 몸에 해롭다'며 몸에 해로운 물질이 식품에 포함되는 것을 허용할 수 없다고 주장하는 이들이 있다. 그만큼 철저하게 유해성분을 차단하겠다는 의미로 해석하면 큰 문제는 없다. 하지만 이러한 주장을 하는 사람 중에 진짜로 단 한 분자라도 그게 몸에 큰 영향을 줄 수 있다고 믿는 사람이 있다. 그래서 허용 기준 이내이니 안전하다고 아무리 이야기해도 결국 해로운 물질이 들어 있으니 해로운 거 아니냐고 주장한다.

2017년에는 살충제 달걀 사태가 일어났다. 달걀에 인체에 유해한 살충제 성분이 검출되면서 식품안전관리기준, 즉 해썹HACCP, Hazard Analysis Critical Control Point이 있으나 마나라는 비판이 일었다. 당시 해썹 인증을 받은 달걀에서도 기준치 이상의 살충제 성분이 검출되었기 때문이다. 매우 심각한 상황이었다. 정부의 인정 기준을 믿을 수 없다면 아무것도 믿을 수 없기 때문이다. 정부의 인정 기준을 무조건 믿으라는 뜻이 아니고 정부는 국민의 신뢰를 얻을 수 있어야 한다는 뜻이다. 과학적인 예방 관리 시스템이라고 설정해 놓고 제대로 관리하지 않은 정부가 무엇을 이야기한들 사람들이 믿을 수 있을까? 살충제 달걀 사태가 벌어졌을 때 식약처에서 기준치 이내의 살충제 성분이 검출되어 먹어도 상관없다고 했지만 여론은 싸늘했다. 결국 살충제 성분이 검출된 달걀을 모두 폐기하는 극단적인 상황까지 치달으며, 사람들 중 일부는 케모포비아 chemophobia라는 화학물질 공포증을 호소하는 지경에 이르렀다. 사람들이 케모포비아를 호소할 때까지 정부의 대응은 너무나 허술하고 안이했다.

공포에 떨고 있는 사람에게 마치 무식해서 허용 기준 이내의 달걀을 보고 호들갑이냐는 식으로 대응하다가 문제만 키웠던 것이다. 식약처의 발표대로 1일 섭취 허용량 이내의 물질이라면 문제가 발생할 가능성은 거의 없다. 하지만 이는 통계상의 이야기며 실제로 사람이 공포를 느낄 때는 이러한 수치가 별 의미가 없다. 아무리 안전하다고 한들 공포심을 느끼고 있는 상황에서는 소용이 없는 것이다. 먹을거리 안전을 위해서 정부는 국민의 신뢰를 회복하는 데 많은 노력을 기울여야 한다. 마찬가지로 국민도 불필요한 괴담이나 공포에 휩싸이는 비과학적인 태도는 많은 불편과 사회적 비용을 부를 수 있다는 것을 알아야 한다.

그동안 MSG에는 항상 '화학 합성조미료'라는 수식어가 붙었다. 물론 잘못 알려져 오해를 받는 게 MSG만은 아니다. 한편에서는 몸에 해롭다고 주장하지만 과연 얼마나 해로운지 명확하게 따져 보지 않고 공포심을 부추기는 정보 때문에 오해받은 식품첨가물도 많다. 과학적으로 아무 의미가 없는 '화학 합성품'과 '천연 첨가물'의 구분으로 소비자에게 오해를 일으켰던 것이다. 이에 식품의약품안전처는 2018년 1월부터 이러한 구분을 없앴다. '식품첨가물의 기준 및 규격 전부개정고시'에 따라 식품첨가물의 분류 체계를 품목별 용도에 맞게 명시하는 방식으로 바꾼 것이다. MSG는 '맛 또는 향미를 향상시킨다'는 의미에서 '향미증진제'로 분류되었다. 향미증진제 외에도 식품첨가물을 용도에 따라 감미료, 발색제, 산화방지제 등 31개 용도별로 분류해 사용 목적을 쉽게 알 수 있도록 했다. 용도와 기준에 맞게 사용하면 식품첨가물을 먹어도 특별히 걱정하지 않아도 된다!

마지막으로
빵빵하게

✖

화학반응

빵의 원료가 되는 밀은 어떤 기후에서도 잘 자라서
유럽과 아시아에서 널리 재배되었다. 빵은 주식으로
소중하게 취급되었지만 원료인 밀에는 치명적인 단점이
있었으니, 필수 아미노산의 함량이 적었다. 그래서
빵을 주식으로 하는 지역에서는 고기나 우유를 함께
먹는 식사법이 발달했다. 빵과 함께 유럽인의 식탁에서
우유가 빠지지 않는 데 이 같은 이유가 있다. 단순히
빵과 우유의 맛이 잘 어울려서 먹는 것도 있겠지만
그보다는 건강을 유지하기 위함이 더 중요한 이유일
것이다. 그렇지만 음식이 먹고 싶고 먹어야 한다고 늘
손에 잡히는 것은 아니다.

빵이 없으면?

한국전쟁이 끝난 뒤 모든 기반 시설이 파괴된 우리나라에는 미국이 원조하는 밀가루가 절실했다. 원조 물품으로 들여온 밀을 밀가루로 만드는 제분 공장이 곳곳에 생겨났고, 밀가루로 빵이나 국수를 만들어 파는 가게가 호황을 누렸다. 전쟁이 끝나고 회복이 일어나면서 살림살이가 좀 나아지자 이제는 분식장려운동이라는 이름을 내세워 분식을 권했다. 1962년 흉년으로 쌀이 부족해지자 쌀값을 잡기 위해 정부가 반강제적으로 벌인 정책이었다. 이 때문에 쌀값은 안정을 되찾았지만 쌀을 주식으로 생활했던 우리의 입맛과 식탁에 변화가 생겼다.

빵 이야기를 하면 빼놓을 수 없는 사람이 프랑스 왕비 마리 앙투아네트다. 그녀는 보통 사람의 삶을 전혀 이해하지 못했다. 파리 시민이 빵을 구하지 못해 굶주림에 허덕이고 있다는 이야기를 듣자 "빵이 없으면 케이크를 먹으면 되지"라고 해서 시민들을 분노하게 했다는 이야기가 있다. 푸석거리는 거친 빵 쪼가리도 구할 수 없는데 고급 음식인 케이크를 어디서 구하라고? 무엇이든 골라 먹을 수 있는 왕비는 그걸 농담이라고 했던 모양이다. 1789년 바스티유 감옥 습격 사건이 있었지만 아무것도 달라지지 않은 힘든 상황에 처해 있던 시민들에게 앙투아네트가 던진 말은 불난 데 기름을 붓는 꼴이었다. 화난 시민들은 베르사유 궁전으로 쳐들어갔고, 시민에게 빵 음식이 얼마나 소중한 것인지 몰랐던 프랑스 왕정은 막을 내린다.

사실 앙투아네트가 이 말을 했다는 증거는 없다. 혁명이 일어나기 직전 이미 앙투아네트의 인기는 바닥이었으니 사람들이 그녀를 조롱하듯 만들어 낸 이야기였을지도 모른다.

이외에도 기독교에서는 빵을 '그리스도의 몸'이라고 여기며 대단히 중요한 의미를 부여했고, 역사적으로도 빵은 매우 중요한 기능을 했다. 인류 문명이 시작되는 곳이 빵의 원료가 되는 밀의 재배지였다는 것은 우연이 아니다. 신석기시대 인류는 강가의 토지에서 밀을 재배하며 세계 4대 문명을 건설했다. 그리고 밀가루를 이용해 빵을 만들어 먹었다. 초기의 빵은 단순히 밀가루를 물에 반죽해 구운 딱딱한 음식에 지나지 않았을 것이다.

하지만 이집트에서 누군가 밀가루 반죽에 효모를 넣어 부드러운 발효 빵을 만들 수 있게 되었다. 효모는 이스트yeast라고 하는데 효모의 알코올 생성 반응 시 거품이 생기는 데서 붙인 이름이다. 효모는 곰팡이나 버섯과 같은 균류에 속하는 미생물로 **분열법**이 아니라 **출아법**으로 번식한다. 효모를 처음으로 관찰한 사람은 현미경을 발명한 네덜란드의 안톤 반 레벤후크다.

> **분열법**: 하나의 개체가 딸세포 2개로 나뉘면서 번식하는 방법. 세포분열이 곧 생식이다. 세균이나 짚신벌레, 아메바가 분열법으로 번식한다.
>
> **출아법**: 몸의 일부에서 싹처럼 혹이 자라나 떨어져서 새로운 개체가 되는 번식 방법. 효모, 히드라, 말미잘 등이 출아법으로 번식한다.

맛있는 빵과 함께하는 식사

효모를 이용해 빵을 만드는 과정을 살펴보자. 먼저 밀가루에 물과 효모, 설탕, 소금, 쇼트닝shortening 등을 넣고 반죽을 시작한다. 밀가루는 글루텐 함량에 따라 강력분, 중력분, 박력분으로 구분한다. 강력분은 글루텐 함량이 높아 쫄깃한 느낌을 주기 때문에 빵이나 수제비 등의 재료로, 박력분은 튀김용으로 쓴다. 빵을 만드는 데 쓰는 강력분에는 단백질이 13퍼센트가량 포함되어 있다.

물은 밀가루 속에 든 글루테닌과 글리아딘을 결합해 글루텐을 형성하도록 한다. 설탕과 소금을 용해시키는 용매의 기능도 하며 효모가 발효를 일으킬 수 있게 한다.

한편 소금을 적당히 넣어야 빵 맛이 좋아진다. 소금이 너무 적으면 맛을 느끼지 못하고 너무 많으면 효모의 발효를 억제하고 짠맛이 나서 맛이 나빠진다. 설탕을 넣는 것은 효모가 발효하는 데 먹이가 필요해서다. 밀가루를 반죽할 때 효모가 설탕을 이용해 에탄올과 이산화탄소를 발생시키는 알코올 발효를 일으킨다. 효모의 발효로 밀가루 반죽 사이에 기포가 생기면서 밀가루 반죽은 부풀어 오른다. 예전에는 25도에서 천천히 발효시켰지만 요즘에는 37도 정도에서 빠르게 발효시키기도 한다.

$$C_6H_{12}O_6 \longrightarrow 2C_2H_5OH + 2CO_2 + 2ATP$$

포도당   에탄올

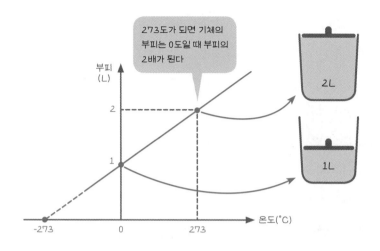

샤를 법칙에 따르면, 일정한 압력 아래에서 기체의 부피는
온도가 1도 높아질 때마다 0도일 때 부피의 1/273만큼 증가한다

발효가 끝난 밀가루 반죽은 오븐에 넣어 굽는다. 밀가루 반죽에
열을 가하면 또다시 부풀어 오르는데, 효모가 죽기 전까지는 계속
발효해 부풀어 오른다. 하지만 온도가 높아 효모가 모두 죽고 나면
열 때문에 기체의 부피가 늘어나 부풀어 오른다. 기체의 부피는 온
도가 높아지면 증가샤를 법칙하기 때문이다. 물론 밀가루 반죽 속의
물이 수증기로 바뀌면서도 부피를 늘린다.

토스터로 빵을 구울 때와 마찬가지로 빵의 표면은 200도까지
오르면서 노릇하게 갈색을 띠며 구워진다. 빵의 내부는 기포가 많
아 열이 잘 전달되지 않아서 표면 온도가 이렇게 높더라도 100도

까지 오르지는 않는다. 그래서 빵 내부는 갈색을 띠지 않는다. 효모가 밀가루 반죽에 들어가면 발효될 때 이산화탄소 기포를 생성해 부드러운 텍스처를 만들어 낸다. 그리고 부드러운 텍스처를 느끼게 하는 데는 지방 성분의 쇼트닝도 중요한 기능을 한다. 갓 구운 빵을 뜯어 먹으면 빵의 풍미가 느껴지는데, 효모와 함께 젖산균유산균의 작용에 따른 것이다.

이렇게 효모를 이용해 빵을 만들기 시작하면서 다양한 빵 제조법이 생겨났다. 여기서는 간단하게 설명했지만 맛있는 빵을 만드는 비결을 책으로 배우는 데는 한계가 있다. 글 몇 줄 읽고 누구나 맛있는 빵을 구울 수 있다면 좋겠지만 맛있는 빵 만들기는 경험으로 얻는 게 더 클 수도 있다.

빵의 발효를 설명하면서 빼놓을 수 없는 발효 식품이 있다. 바로 요구르트와 치즈다. 여기서 발효는 인간이 정한 기준일 뿐 미생물의 입장에서 발효와 부패는 같다. 둘 다 미생물에 의해 다른 물질로 분해되는 현상이기 때문이다. 이때 사람이 먹을 수 있으면 발효라고 하고 먹을 수 없는 변화는 부패라고 하는 것뿐이다.

따라서 인류의 역사를 돌이켜 보면 발효를 거쳐 만들어진 음식은 대개 우연한 기회에 탄생했다. 너무나 당연하다. 눈에 보이지 않는 미생물이 있다는 사실은 현미경이 발명되고 난 뒤 알려졌기 때문이다. 사람들은 왜 발효가 일어나는지 몰랐지만 그것을 이용해 다양한 식품이나 식재료를 만들었다.

목축을 했던 유목민 중 누군가는 가축의 내장에 보관한 오래된 우유에서 만들어진 덩어리를 발견했다. 이 덩어리에서 액체 부분을 눌러 짜내고 나면 남은 것이 바로 치즈다. 치즈는 우유와 맛도 다른 데다 우유보다 단백질과 지방, 칼슘 등의 함량이 높았다. 우유를 차지하는 대부분의 물을 제거한 것이 치즈니 함량이 높은 것은 당연하다. 같은 무게로 따지면 우유는 치즈의 상대가 되지 않았다. 함량보다 더 중요한 건 치즈는 우유보다 휴대와 보관이 편리했다는 점이다. 그런 이유로 치즈는 군인과 여행자에게 유용한 식품이 되었다.

✖
맛있는
실험

남은 우유로 치즈를 만들자. 우유 속에 든 카제인 단백질은 산을 만나면 굳는 성질이 있다. 이를 이용해 만든 식품이 리코타 치즈! 우유를 낮은 불에 천천히 끓이면서 휘핑크림과 레몬즙을 넣고 소금으로 간을 맞추면 카제인 단백질이 응고되어 맛있는 리코타 치즈가 된다.

결국 세상을
움직이는 것은 식량

영국의 공리주의 철학자 존 스튜어트 밀은 "배부른 돼지보다 배고픈 인간이 되는 게 낫고, 만족한 바보보다 불만족한 소크라테스가 되는 게 낫다"라고 했다. 요점만 정리하면 만족에는 질적인 차이가 있으며 소크라테스의 행복이 질적으로 가장 뛰어나다는 것이다. 밀은 제러미 벤담의 양적 공리주의와 달리 질적 공리주의를 주장했다는 예로 이 이야기가 흔히 제시된다.

배부른 돼지와 배고픈 소크라테스 중에 선택하라면 어떻게 해야 할까? 재치 있게 대답한다고 배부른 소크라테스가 되겠다고 말할 수 있겠지만, 실제로 둘 중 하나를 선택해야 한다면 정말 어려울 것이다. 이 질문의 요점은 실제로 돼지가 될 것인지 인간이 될 것인지 선택의 문제가 아니다. 배부르게 먹고 살기만 하면 생각 없이 돼지처럼 살아도 좋겠느냐고 묻는 것이다. '왜 사느냐'와 '어떻게 사느냐'에 관한 문제다. 이 문제에 대한 답은 쉽다. 인간이라면 당연히 '어떻게 사느냐'를 고민해야 하지 않느냐는 것. 하지만 그렇게 간단할까? 우리는 이성을 가진 인간이라고 큰소리치지만 세상은 분명 배불리 먹는 쪽으로 움직인다. 이는 인간의 역사와 자연에서 공통적으로 볼 수 있는 현상이다. "가난은 나라도 구제하지 못한다"라는 말은 먹고 사는 문제가 해결되지 않으면 다른 것은 아무것도 의미 없다는 무거운 뜻을 담고 있다.

진화에 관한 가장 위대한 통찰을 보여 준 다윈의 자연선택설을 보자. 자연선택설의 원리인 적자생존은 먹이를 잘 구해서 살아남는 녀석만 생존한다는 것이다. 먹을거리가 풍족하면 다양한 개체가 살아남지만 식량이 부족하면 적자생존의 법칙에 따라 먹이를 구할 수 있는 적합한 개체만 살아남는다. 그리고 그 살아남은 개체가 자신의 유전자를 후손에게 남긴다. 인간의 두뇌가 커진 것도 양질의 음식을 먹을 수 있었기 때문이고, 커진 두뇌는 더 많은 영양분을 필요로 했다. 즉 먹고 사는 문제가 가장 근본적이며, 인간을 비롯한 자연의 모든 생물에게서도 마찬가지다.

1차, 2차 세계대전보다 더 많은 사람을 죽음에 이르게 한 스페인 독감. 최근에는 그렇게 강력한 독감 바이러스가 없는 것일까? 그렇지 않다. 신종플루나 사스 등 다양한 전염병이 발생해도 많은 사람이 과거보다 보건과 영양 상태가 좋아져 바이러스를 견디는 것이다. 인체는 면역글로불린이라는 면역 물질을 생성하는데, 과거에는 사람들의 영양 상태가 좋지 못해서 충분한 면역 물질을 생성하지 못해 속수무책으로 당했다. 이제는 병을 이겨낼 수 있는 사람이 늘어나 전염병이 과거만큼 위력적이지 못한 것이다. 굶어 죽지 않더라도 병들지 않고 건강하기 위해 꼭 필요한 게 바로 잘 먹는 것이다. 그만큼 먹는 문제는 중요하다.

참고 자료

도서

- 김종수 지음, 《카카오에서 초콜릿까지》, 한울, 2015
- 댄 주래프스키 지음, 김병화 옮김, 《음식의 언어》, 어크로스, 2015
- 로버트 L. 월크 지음, 이창희 옮김, 《아인슈타인이 요리사에게 들려준 이야기》, 해냄, 2003
- 루이스 J. 클레인스미스 지음, 서영준 나혜경 옮김, 《종양생물학의 원리》, 라이프사이언스, 2008
- 변순용 외 지음, 《음식윤리》, 어문학사, 2015
- 송재철 외 지음, 《최신 식품가공학》, 유림문화사, 1997
- 식품의약품안전처 지음, 《2018 자주하는 질문집》, 진한엠앤비, 2018
- 에르베 로베르 외 지음, 《초콜릿》, 창해, 2000
- 우세홍 외 지음, 《식품첨가물》, 신광문화사, 2014
- 월터 C. 윌렛 지음, 손수민 옮김, 《웰빙푸드》, 동아일보사, 2004
- 윌리엄 더프티 지음, 이지연 최광민 옮김, 《슈거 블루스》, 북라인, 2002
- 정종호 지음, 《꼭꼭 씹어먹는 영양이야기》, 종문화사, 2001
- 정주영 지음, 《과학으로 먹는 3대 영양소》, 전파과학사, 2017
- 제러미 리프킨 지음, 신현승 옮김, 《육식의 종말》, 시공사, 2002
- 제임스 콜만 지음, 윤영삼 옮김, 《내추럴리 데인저러스》, 다산초당, 2008
- 조 슈워츠 지음, 김명남 옮김, 《똑똑한 음식책》, 바다출판사, 2016
- 존 로빈스 지음, 안의정 옮김, 《존 로빈스의 음식혁명》, 시공사, 2011
- 존 엠슬리 지음, 허훈 옮김, 《화학의 변명 3》, 사이언스북스, 2000
- 최낙언 지음, 《맛의 원리》, 예문당, 2018
- 최낙언 지음, 《식품에 대한 합리적인 생각법》, 예문당, 2016
- 최원석 지음, 《과학교사 최원석의 과학은 놀이다》, 궁리, 2014
- 최원석 지음, 《광고 속에 숨어 있는 과학》, 살림Friends, 2013
- 최원석 지음, 《세상을 움직이는 화학》, 다른, 2015
- 최원석 지음, 《영화로 새로 쓴 화학 교과서》, 이치사이언스, 2013
- 프레데릭 J. 시문스 지음, 김병화 옮김, 《이 고기는 먹지 마라?》, 돌베개, 2004

- 피터 바햄 지음, 이충호 옮김,《요리의 과학》, 한승, 2002
- 해리엇 홀 지음, 스켑틱 협회 편집부 엮음,〈먹거리에 대해 '아직' 검증되지 않은 12가지 사실〉,《한국 스켑틱 Skeptic Vol.2》, 바다출판사, 2015
- 홍익희 지음,《세상을 바꾼 음식 이야기》, 세종서적, 2017

자료집

- Gold, L. S., Stern, B. S., Slone, T. H., Brown, J. P. Manley, N. B., and Ames, B. N.. Pesticide residues in food: Investigation of disparities in cancer risk estimates. Cancer Letters 117: 195-207 (1997)
- 김남희,〈라면 스프가 끓는점에 미치는 영향〉, 제53회 전국과학전람회, 2007

웹사이트

- 대한민국 정책브리핑 "정부, 건강한 식생활 위해〈국민 공통 식생활 지침〉제정" https://hoy.kr/zbqd
- 셰프뉴스 "인공지능AI vs 요리사, 푸드테크Food Tech 전성시대" http://chefnews.kr/archives/14100
- 식품의약품안전처 mfds.go.kr
- 워싱턴 포스트 "107 Nobel laureates sign letter blasting Greenpeace over GMOs" https://hoy.kr/7ZMs
- 최낙언의 자료보관소 www.seehint.com
- 통계청 kosis.kr
- 허핑턴포스트코리아 "라면 스프를 넣으면 끓는 온도가 정말 올라가나?" https://hoy.kr/owJx

교과 연계

중학교

고등학교

찾아보기

먹고 보니 과학이네?

맛으로 배우는 화학

초판 1쇄 2019년 1월 28일
초판 6쇄 2022년 8월 30일

지은이 최원석

펴낸이 김한청
기획편집 원경은 김지연 차언조 양희우 유자영 김병수 장주희
마케팅 최지애 현승원
디자인 이성아 박다애
운영 최원준 설채린

펴낸곳 도서출판 다른
출판등록 2004년 9월 2일 제2013-000194호
주소 서울시 마포구 양화로 64 서교제일빌딩 902호
전화 02-3143-6478 팩스 02-3143-6479 이메일 khc15968@hanmail.net
블로그 blog.naver.com/darun_pub 인스타그램 @darunpublishers

ISBN 979-11-5633-231-2 44400
ISBN 979-11-5633-230-5 (세트)